全国技工院校计算机类专业教材（中／高级技能层级）

U0298506

PowerPoint 2021
基础与应用

主　编　王　鑫

副主编　方　宏

主　审　奚一飞

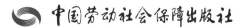
中国劳动社会保障出版社

简介

本书为全国技工院校计算机类专业教材（中／高级技能层级），以 PowerPoint 2021 软件为平台，从实际工作需求出发，配合大量实例，系统地讲解了 PowerPoint 2021 的基础与应用知识。

全书包括十一个项目，其中项目一～项目二主要介绍了 PowerPoint 2021 的入门操作技能，如演示文稿的创建、启动、打开及关闭等；项目三～项目五主要介绍了 PowerPoint 2021 的基础设置，如文本的输入及字体、段落和图片格式的设置等；项目六～项目十一主要介绍了 PowerPoint 2021 的进阶技能，如母版的应用、表格的插入、动画的添加、超链接的设置以及演示文稿的放映、输出与打印设置等内容。

本书由王鑫任主编，方宏任副主编，陈亮参与编写，奚一飞任主审。

图书在版编目（CIP）数据

PowerPoint 2021 基础与应用 / 王鑫主编 . -- 北京：中国劳动社会保障出版社，2023
全国技工院校计算机类专业教材 . 中／高级技能层级
ISBN 978-7-5167-5943-1

Ⅰ. ①P… Ⅱ. ①王… Ⅲ. ①图形软件－技工学校－教材 Ⅳ. ①TP391.412

中国国家版本馆 CIP 数据核字（2023）第 127769 号

中国劳动社会保障出版社出版发行

（北京市惠新东街 1 号 邮政编码：100029）

*

北京宏伟双华印刷有限公司印刷装订 新华书店经销

787 毫米 × 1092 毫米 16 开本 10.5 印张 205 千字
2023 年 8 月第 1 版 2023 年 8 月第 1 次印刷

定价：26.00 元

营销中心电话：400-606-6496

出版社网址：http://www.class.com.cn

http://jg.class.com.cn

前　言

为了更好地满足全国技工院校计算机类专业的教学要求，适应计算机行业的发展现状，全面提升教学质量，我们组织全国有关学校的一线教师和行业、企业专家，在充分调研企业用人需求和学校教学情况、吸收借鉴各地技工院校教学改革的成功经验的基础上，根据人力资源社会保障部颁布的《全国技工院校专业目录》及相关教学文件，对全国技工院校计算机类专业教材进行了修订和新编。

本次修订（新编）的教材涉及计算机类专业通用基础模块及办公软件、多媒体应用软件、辅助设计软件、计算机应用维修、网络应用、程序设计、操作指导等多个专业模块。

本次修订（新编）工作的重点主要有以下几个方面。

突出技工教育特色

坚持以能力为本位，突出技工教育特色。根据计算机类专业毕业生就业岗位的实际需要和行业发展趋势，合理确定学生应具备的能力和知识结构，对教材内容及其深度、难度进行了调整。同时，进一步突出实际应用能力的培养，以满足社会对技能型人才的需求。

针对计算机软、硬件更新迅速的特点，在教学内容选取上，既注重体现新软件、新知识，又兼顾技工院校教学实际条件。在教学内容组织上，不仅局限于某一计算机软件版本或硬件产品的具体功能，而是更注重学生应用能力的拓展，使学生能够触类旁通，提升综合能力，为后续专业课程的学习和未来工作中解决实际问题打下良好的基础。

创新教材内容形式

在编写模式上，根据技工院校学生认知规律，以完成具体工作任务为主线组织教材内容，将理论知识的讲解与工作任务载体有机结合，激发学生的学习兴趣，提高学生的实践能力。

在表现形式上，通过丰富的操作步骤图片和软件截图详尽地指导学生了解软件功能并完成工作任务，使教材内容更加直观、形象。结合计算机类专业教材的特点，多数教材采用四色印刷，图文并茂，增强了教材内容的表现效果，提高了教材的可读性。

本次修订（新编）还针对大部分教材创新开发了配套的实训题集，在教材所学内容基础上提供了丰富的实训练习题目和素材，供学生巩固练习使用，既节省了教材篇幅，又能帮助学生进一步提高所学知识与技能的实际应用能力。

提供丰富教学资源

在教学服务方面，为方便教师教学和学生学习，配套提供了制作素材、电子课件、教案示例等教学资源，可通过技工教育网（http://jg.class.com.cn）下载使用。除此之外，在部分教材中还借助二维码技术，针对教材中的重点、难点内容，开发制作了操作演示微视频，可使用移动设备扫描书中二维码在线观看。

致谢

本次教材修订（新编）工作得到了河北、山西、黑龙江、江苏、山东、河南、湖北、湖南、广东、重庆等省（直辖市）人力资源社会保障厅（局）及有关学校的大力支持，在此我们表示诚挚的谢意。

编者

2023 年 4 月

目 录

CONTENTS

项目一
PowerPoint 2021 的基础知识

PowerPoint 2021 是微软公司 Microsoft Office 2021 系列软件中的重要组成部分。使用 PowerPoint 2021 可以制作出集文字、图形、图像、声音以及视频等多媒体元素为一体的演示文稿，让信息以更轻松、更高效的方式表达出来。本项目主要介绍一些 PowerPoint 2021 最基础的知识，为以后各项目的学习做好铺垫。通过对各任务的学习，学生可以了解 PowerPoint 2021 的特点，学习 PowerPoint 2021 文件的打开和保存，设置快速访问工具栏及使用帮助等基础操作。

任务 1 认识 PowerPoint 2021

学习目标

能叙述 PowerPoint 2021 的作用和特点。

任务描述

传统教学中常会用到一种幻灯片放映机，其工作原理是用灯泡照射透明的胶片，再经过光学器件的放大、反射，将预先写在透明胶片上的内容投射在投影布上。

PPT（PowerPoint 的简称，也可称为"演示文稿"）可以看作传统幻灯片的发展。与传统的幻灯片相比，PPT 具有更强大的功能，在制作、修改、美化页面方面具有简单、方便、高效等特点（使用相应的计算机软件，如 PowerPoint 2021，就可以方便地制作、修改、美化演示文稿），而且它的存储、放映也极其简便（可存储在计算机硬盘中，放映时给计算机外接一台投影仪，打开 PPT 即可放映），还可以在 PPT 中添加音乐、图片、视频，较快速地实现预期的演示效果。

PowerPoint 软件是当前使用最为广泛的文稿制作和演示软件，在学习和工作中有非常多的应用，如公司的员工培训、工作汇报、产品展示、业务交流等。因此，学会使用 PowerPoint 软件是非常必要的。

用 PowerPoint 软件制作的演示文稿，保存后文件名后缀通常为 .pptx（对于 PowerPoint 2007 之前的版本来说，默认的文件名后缀为 .ppt）。一般来说，一个文件中包含多页幻灯片。

相对于 PowerPoint 2019 来说，PowerPoint 2021 新增了一些功能，如图像集功能，用户可以在搜索框中搜索需要的图像并使用，该功能可以协助用户更方便、快捷地美化演示文稿；新增了更多媒体格式，PowerPoint 2021 可以支持更多的媒体格式和更多高清晰度的内容；PowerPoint 2021 还包含更多的内置编码器和解码器，因此，不用像以前一样安装其他软件协助办公。

本任务的主要内容是了解 PowerPoint 2021 的作用和特点。

1. 双击打开素材中文件名为"介绍 PowerPoint 2021.pptx"的演示文稿，可以看到图文并茂的幻灯片，如图 1-1 所示。

2. 双击打开素材中文件名为"公司手册 .pptx"的演示文稿，可以看到在幻灯片中还可以使用表格和图表，如图 1-2 所示。

图 1-1　图文并茂的幻灯片

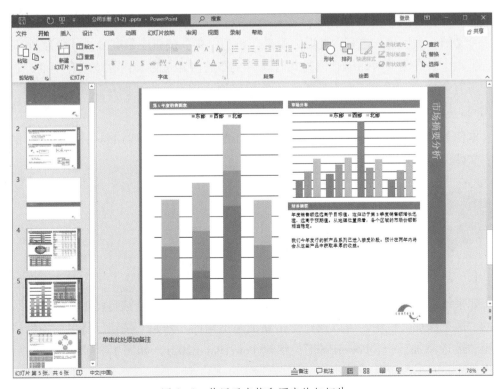

图 1-2　使用了表格和图表的幻灯片

任务 2　初次体验 PowerPoint 2021

学习目标

1. 能叙述 PowerPoint 2021 工作界面的组成和主要功能。
2. 能完成 PowerPoint 2021 的启动、关闭和文件保存等基础操作。

任务描述

在使用 PowerPoint 2021 制作演示文稿时，要掌握 PowerPoint 2021 的启动、关闭和文件保存等操作，其中要特别说明的是文件的保存操作。文件的保存操作有"保存"和"另存为"两种，其执行结果不同。打开并修改一个存在硬盘中的演示文稿文档后，若单击"保存"按钮，则软件自动将做过修改的文档保存到原来存放这个文档的地方，覆盖原来的文档，原来的文档被新文档取代；若单击"另存为"按钮，则弹出一个"另存为"对话框，此时可选择将做过修改的文档存放到新的位置，不修改原来的文档，完成操作后两个文档都存在。还有一种情况是用户直接打开 PowerPoint 2021，新建一个文档，然后输入内容，此时无论是单击"保存"按钮还是单击"另存为"按钮，都会弹出"另存为"对话框，因为此时这篇文档的内容是存在内存或缓存中的，在硬盘中没有原文档，单击"保存"按钮不能覆盖原文档，这时"保存"和"另存为"效果相同。

本任务的主要内容是熟悉 PowerPoint 2021 的工作界面，练习 PowerPoint 2021 的启动、文件保存和关闭操作。

实践操作

1. 启动 PowerPoint 2021

如果计算机上已经安装了 PowerPoint 2021，则该软件就会被自动加入"开始"菜单的"最近添加"栏中。可以通过单击桌面左下角的"开始"按钮，将鼠标指针依次移至"最近添加"→"PowerPoint"，启动 PowerPoint 2021，如图 1-3 所示。启动后的工作界面如图 1-5 所示。

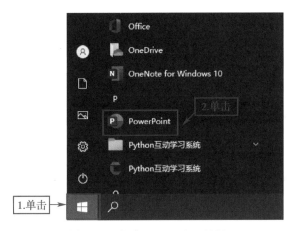

图 1-3　启动 PowerPoint 2021

 技巧

  除了以上方法外，还可以通过双击桌面快捷方式启动 PowerPoint 2021。在安装完 PowerPoint 2021 后，一般桌面上会有一个 PowerPoint 2021 快捷方式图标，双击此快捷方式图标即可启动 PowerPoint 2021，如图 1-4 所示。

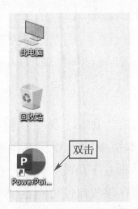

图 1-4　PowerPoint 2021 的启动方法

2. 认识 PowerPoint 2021 的工作界面

  启动 PowerPoint 2021 软件后，即可打开 PowerPoint 2021 的工作界面。PowerPoint 2021 工作界面由快速访问工具栏、标题栏、选项卡、窗口控制按钮、功能区、幻灯片编辑窗口、备注区、大纲视图与幻灯片方式切换、状态栏、视图快捷按钮、显示比例滑杆等部分组成，如图 1-5 所示。不同的用户在正式使用 PowerPoint 2021 进行办公之前，还可以根据个人习惯打造一个适合自己的 PowerPoint 2021 工作环境，以便于提高个人工作效率。

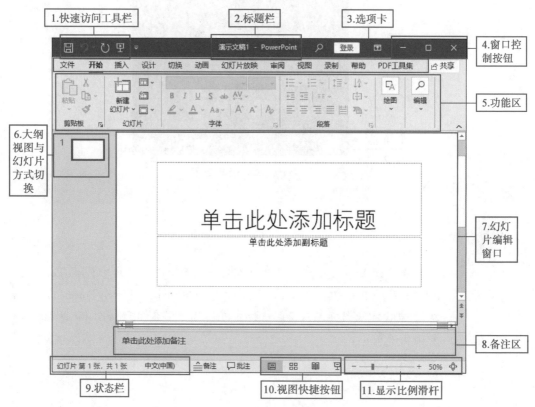

图 1-5　PowerPoint 2021 的工作界面

3. 保存演示文稿

单击工作界面左上角的"保存"图标，第一次保存演示文稿时会弹出"另存为"对话框，在"文件名"后的文本框中输入要保存的 PowerPoint 文档名，如"演示文稿 1"，然后单击"另存为"对话框右下角的"保存"按钮即可。对于已经保存过的文档，单击工作界面左上角的"保存"按钮便可直接保存，如图 1-6 所示。注意，此处 PowerPoint 2021 默认保存的文件格式后缀为 .pptx。

4. 关闭并退出 PowerPoint 2021

PowerPoint 2021 工作界面的右上角窗口控制按钮中依次有"最小化"按钮、"最大化/向下还原"按钮和"关闭"按钮，单击"关闭"按钮，即可关闭演示文稿，如图 1-7 所示。

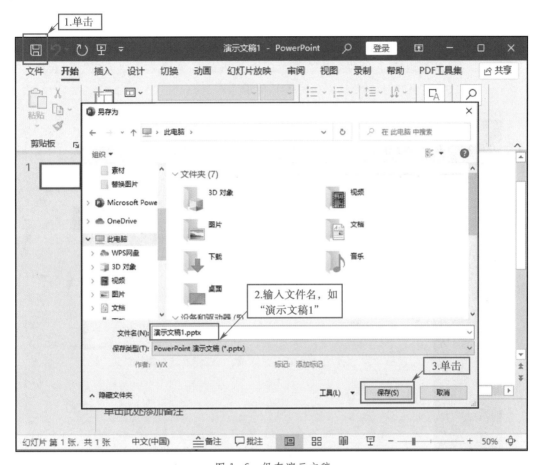

图 1-6 保存演示文稿

图 1-7 关闭并退出 PowerPoint 2021

技巧

除上述关闭并退出 PowerPoint 2021 的方法外，还可以单击工作界面左上角的"文件"菜单，在弹出的菜单中单击"关闭"按钮，即可关闭演示文稿，如图 1-8 所示。

图 1-8 关闭并退出 PowerPoint 2021 的方法

任务 3 设置快速访问工具栏

学习目标

1. 能叙述快速访问工具栏的作用。
2. 能完成在快速访问工具栏中添加按钮、删除按钮等操作。

任务描述

快速访问工具栏是一个可自定义的工具栏，它包含一组独立于当前所显示的选项卡的命令。用户可以在快速访问工具栏中添加表示命令的按钮，还可以移动快速访问工具栏的位置。

用户可以将经常使用或习惯使用的命令集中置于快速访问工具栏中，合理使用快速访问工具栏将使用户的操作更为便利。

本任务的主要内容是进一步熟悉 PowerPoint 2021 的工作界面，并练习自定义快速访问工具栏的操作。

实践操作

1. 将"新建"命令添加到快速访问工具栏

单击快速访问工具栏右侧的下三角按钮，在弹出的下拉列表中单击"新建"，如图 1-9 所示。添加"新建"命令前后的对比图如图 1-10 所示。

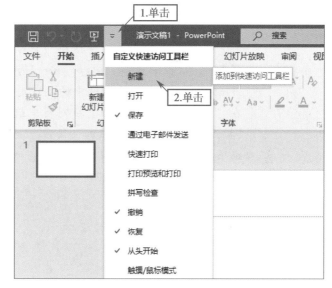

图 1-9 将"新建"命令添加到快速访问工具栏

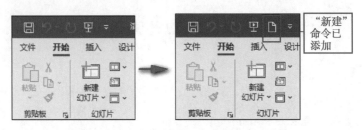

图 1-10　添加"新建"命令前后的对比图

技巧

　　将命令添加到快速访问工具栏时，可直接从功能区中添加，即在将要添加的按钮（如"剪切"按钮）上单击鼠标右键，在弹出的快捷菜单中单击"添加到快速访问工具栏"，如图 1-11 所示。

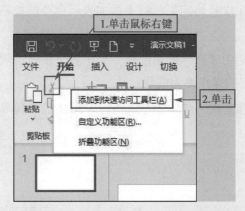

图 1-11　直接从功能区中将"剪切"按钮添加到快速访问工具栏

　　也可以从"选项"对话框中添加，即单击"文件"菜单，在弹出的菜单中选择"更多"→"选项"，如图 1-12 所示；单击"PowerPoint 选项"对话框中的"自定义功能区"，如图 1-13 所示；在"自定义功能区"的下拉列表中选择要添加的命令，此处选择"打开"命令，单击"添加"按钮，"打开"命令即被添加到右侧主选项卡中，单击图 1-14 右下角的"确定"按钮，"打开"命令即被添加到快速访问工具栏中。

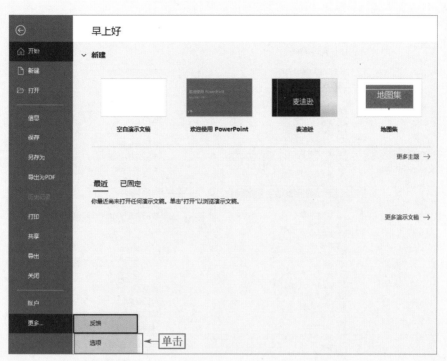

图 1-12　从"PowerPoint 选项"对话框中将"打开"命令添加到快速访问工具栏——步骤 1

图 1-13　从"PowerPoint 选项"对话框中将"打开"命令添加到快速访问工具栏——步骤 2

图 1-14 从"PowerPoint 选项"对话框中将"打开"命令添加到快速访问工具栏——步骤 3

2. 删除快速访问工具栏中的"新建"命令

如果快速访问工具栏中的某个命令不经常使用，可从快速访问工具栏中将它删除。此处以删除快速访问工具栏中的"新建"命令为例，学习如何从快速访问工具栏中删除命令。用鼠标右键单击快速访问工具栏中需要删除的命令，此处用鼠标右键单击"新建"命令，在弹出的快捷菜单中选择"从快速访问工具栏删除"即可，如图 1-15 所示。

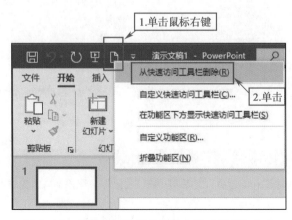

图 1-15 删除快速访问工具栏中的"新建"命令

技巧

　　除上述删除快速访问工具栏中命令的方法外，还可以从"PowerPoint 选项"对话框中直接删除命令。在打开的"PowerPoint 选项"对话框中选中要删除的命令，单击"删除"按钮后再单击"确定"按钮即可，图 1-16 所示为将"新建"命令从快速访问工具栏中删除。

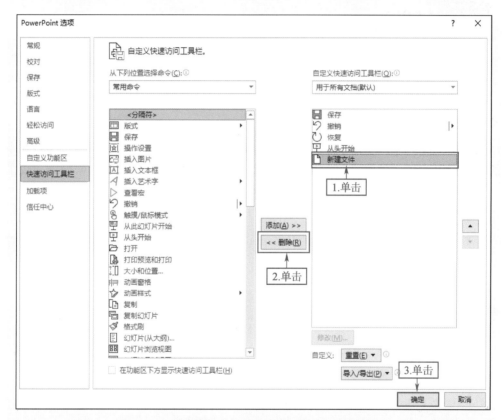

图 1-16　删除快速访问工具栏中"新建"命令的方法

任务 4　使用 PowerPoint 2021 帮助系统

能使用 PowerPoint 2021 的帮助功能查询并解决软件使用过程中遇到的问题。

PowerPoint 2021 帮助系统是学习和使用 PowerPoint 2021 的得力助手，熟悉 PowerPoint 2021 帮助系统的使用方法，可以对掌握 PowerPoint 2021 的知识与操作起到较好的辅助作用。

PowerPoint 2021 为用户提供了一个使用方便、内容丰富的帮助系统，用户在不同的场合可以用不同的方式来使用帮助信息。在 PowerPoint 2021 中，"帮助"不仅能供用户查询相关的静态信息，还可以为用户提供最快捷的"现场指导"，直接引导用户操作，使学习和使用 PowerPoint 2021 变得更为方便。

本任务的主要内容是学会使用 PowerPoint 2021 的帮助功能。

PowerPoint 2021 新添加了 SmartArt 图形的一些效果，以下就通过使用 PowerPoint 2021 的帮助功能来查找一些关于 SmartArt 的相关知识。

1. 单击 PowerPoint 2021 工作界面"帮助"选项卡下"帮助"组中的"帮助"按钮（ ❓ ）或按 F1 键，均可打开 PowerPoint 2021 的帮助功能，如图 1–17 所示。

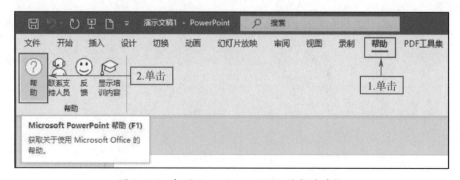

图 1–17　打开 PowerPoint 2021 的帮助功能

2. 打开"帮助"对话框后，在搜索文本框中输入要搜索的字或词（此例中输入"SmartArt"），单击"搜索"按钮，即可搜索到与所输入关键字（SmartArt）相关的条目，单击其中一条，即可看到详细的帮助信息，如图 1-18 所示。

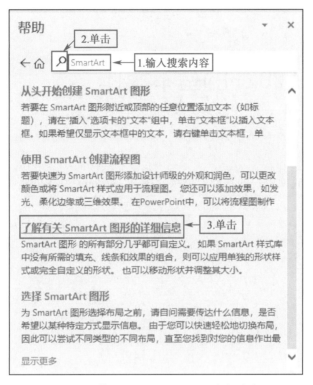

图 1-18　使用 PowerPoint 2021 的帮助功能

1. 启动和退出 PowerPoint 2021 应用程序的方法有哪几种？试用其中一种方法启动 PowerPoint 2021，然后再退出程序。

2. PowerPoint 2021 的工作界面主要包括哪几部分？各部分的功能是什么？

3. 设置个人使用的计算机中 PowerPoint 2021 的快速访问工具栏，将"新建"命令添加到快速访问工具栏中。

项目二
PowerPoint 2021 的基本操作

本项目将在完成项目一的基础上继续介绍 PowerPoint 2021 的基本操作。

任务 1　创建演示文稿

学习目标

1. 能熟悉 PowerPoint 2021 的工作界面。
2. 能完成演示文稿的基本操作。

任务描述

　　模具是用来制作成型物品的工具，它主要通过所成型材料物理状态的改变来实现物品外形的加工。例如，电视机、电话机的外壳以及塑料桶等商品就是将塑料加热变软后注入模具冷却成型生产出来的。

　　PPT 中的"模板"具有与模具相似的功能，使用者以模板为基础重复创建相似的演示文稿，从而将所有幻灯片中的内容设置成一致的格式。在制作 PPT 时，合理地使用模板能提高制作效率，使 PPT 更美观、更专业。PowerPoint 2021 自身附带了很多模板，使用者也可通过网络下载自己所需要的 PPT 模板。

　　本任务的主要内容是练习根据模板新建演示文稿以及插入、删除幻灯片等，并完成一个以大国工匠为主题的简单演示文稿的制作。

1．创建空白演示文稿

　　在 PowerPoint 以前的版本中，启动 PowerPoint 程序就能直接新建一个空白演示文稿，但从 PowerPoint 2013 版本开始，启动 PowerPoint 软件后，先进入 PowerPoint 启动界面，选择"空白演示文稿"选项后，才会新建一个名为"演示文稿 1"的空白演示文稿，如图 2-1 所示。创建完成的"空白"演示文稿如图 2-2 所示。

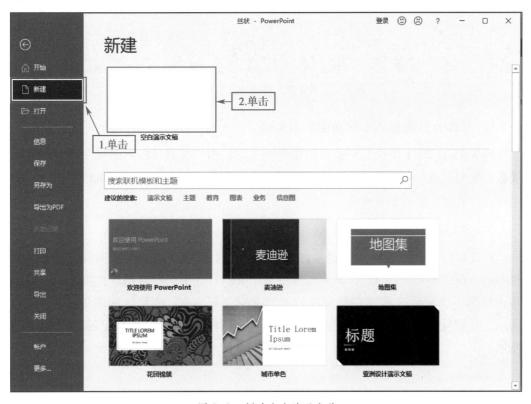

图 2-1　新建空白演示文稿

图 2-2　创建完成的"空白"演示文稿

2. 根据在线模板和主题新建演示文稿

PowerPoint 2021 提供了一些在线模板和主题。用户可通过输入关键字搜索需要的模板，然后下载，创建一个带有内容的演示文稿，如图 2-3 所示。也可以单击已有的主题进行创建，如图 2-4 所示。

3. 使用模板创建演示文稿

此处以"大国工匠"为主题来制作一份宣传用演示文稿。打开项目二任务 1 素材中的"现代型相册 .pptx"，先单击选中第 1 页幻灯片中的默认图片，按 Delete 键删除，如图 2-5 所示，然后在相应的位置添加"工匠 .jpg"图片，如图 2-6 和图 2-7 所示，并删除文字"现代型相册"在相应的位置替换成文字"大国工匠"，如图 2-8 所示。

图 2-3　根据模板创建演示文稿

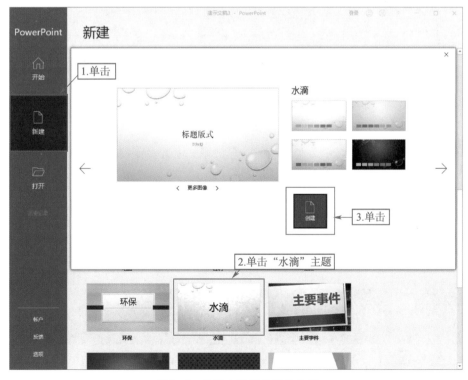

图 2-4　根据主题创建演示文稿

图 2-5　删除默认图片

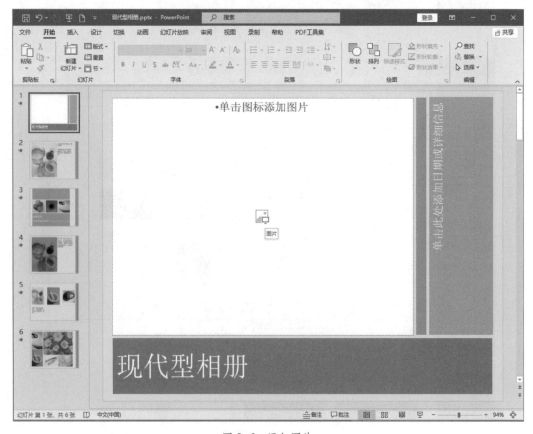

图 2-6　添加图片

图 2-7　插入"工匠 .jpg"图片

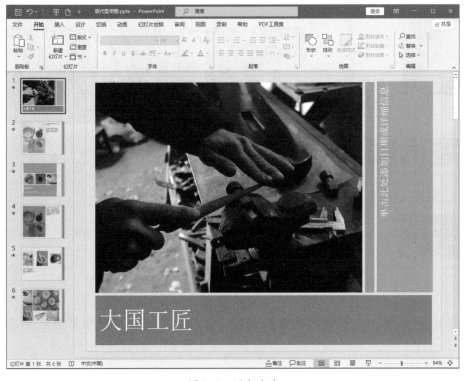

图 2-8　添加文字

4. 替换图片及相应文字，删除部分幻灯片

按类似的方式，将第 2 页幻灯片中的图片替换为"工匠 1.jpg"，将文字替换为"弘扬工匠精神"；将第 3 页幻灯片中的图片替换为"工匠 .jpg""工匠 1.jpg"和"工匠 2.jpg"；将第 4 页幻灯片中的图片替换为"工匠 2.jpg"，将文字替换为"如今，工业化、'互联网 +'取代了小作坊，但'手艺人'的内涵和精神却不会变"；将第 5 页幻灯片中的图片替换为"工匠 3.jpg""工匠 4.jpg"和"工匠 5.jpg"，将文字替换为"工匠精神的四个基本内涵：爱岗敬业、精益求精、协作共进、追求卓越"；将第 6 页幻灯片中的图片替换为"工匠 6.jpg""工匠 7.jpg""工匠 8.jpg""工匠 9.jpg""工匠 10.jpg"。

由于第 3 页幻灯片中的图片在其他页中出现过，如图 2-9 所示。为了避免雷同，删除第 3 页幻灯片。

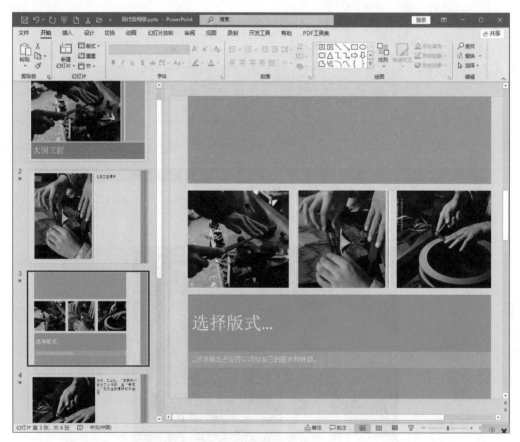

图 2-9　第 3 页幻灯片

图 2-10 所示为两种常用的删除方式，这两种方式都可以用来删除第 3 页幻灯片。

用上述方式暂时完成了 5 页幻灯片的制作，如图 2-11 所示。

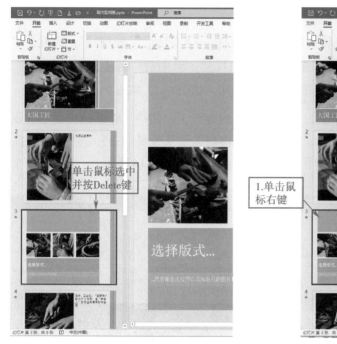
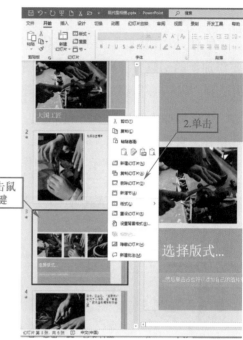

图 2-10　两种常用的删除方式

图 2-11　暂时完成的幻灯片

5. 添加一页新的幻灯片

针对"大国工匠"的主题宣传来说，有必要介绍一下何为"工匠精神"，因此，需要添加新的幻灯片。单击"开始"选项卡下"幻灯片"组中的"新建幻灯片"按钮，并选择"纵栏（带标题）"布局，新建第 6 页幻灯片，如图 2-12 和图 2-13 所示。

最后再插入图片"工匠 11.jpg"，并添加文字内容"工匠精神　工匠精神是一种职业精神，它是职业道德、职业能力、职业品质的体现，是从业者的一种职业价值取向和行为表现。"即完成演示文稿的制作。最终的演示文稿如图 2-14 所示。

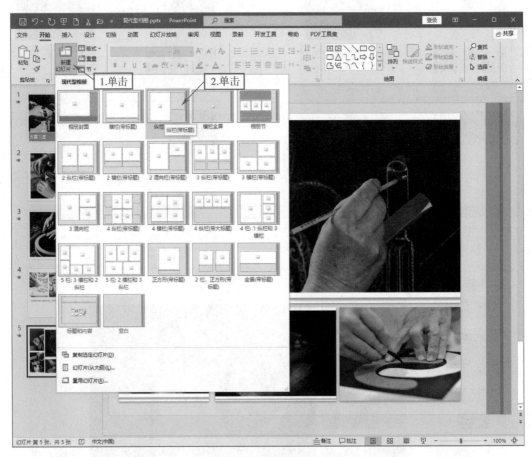

图 2-12　新建幻灯片

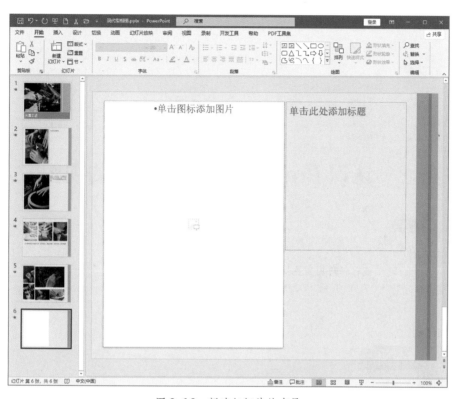

图 2-13 新建幻灯片的布局

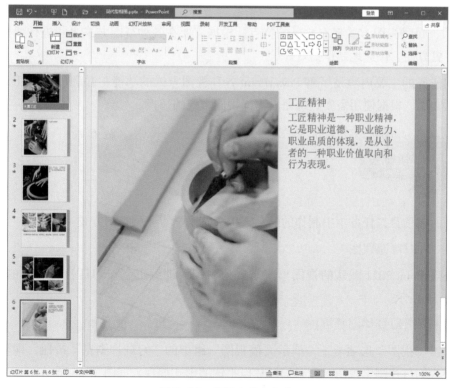

图 2-14 新添加的幻灯片

至此，本任务完整地制作了一个含有 6 页 PPT 的"大国工匠"主题宣传演示文稿。

任务 2　认识 PowerPoint 2021 的视图方式

学习目标

能根据使用需要切换 PowerPoint 2021 的视图方式。

任务描述

为了满足用户在编辑、制作演示文稿不同过程中的需要，PowerPoint 2021 的视图方式有很多种，其中常见的视图方式有普通视图和幻灯片放映视图。在 PowerPoint 2021 中，每种视图方式都有自己的特点，根据需要在各种视图方式之间进行切换可以使用户更方便、快速地制作幻灯片。

本任务的主要内容是了解 PowerPoint 各种视图方式的功能，并利用上一任务完成的演示文稿，根据使用需要熟练完成不同视图方式的切换。

实践操作

下面以项目二任务 1 中制作的演示文稿为例来学习各种视图方式。

1. 认识普通视图

PowerPoint 2021 默认的视图形式是普通视图，即编辑制作幻灯片时看到的形式，如图 2-15 所示。

2. 认识幻灯片浏览视图

单击"视图"选项卡下"演示文稿视图"组中的"幻灯片浏览"按钮，即可将视图切换为幻灯片浏览视图，此时幻灯片以平铺的形式展现，如图 2-16 所示。

图 2-15 普通视图

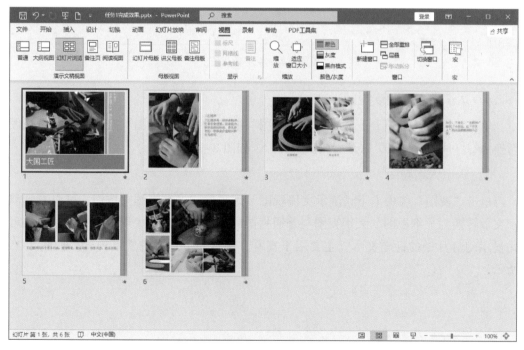

图 2-16 幻灯片浏览视图

3. 认识备注页视图

单击"视图"选项卡下"演示文稿视图"组中的"备注页"按钮，即可将视图切换为幻灯片备注页视图，如图 2-17 所示。在备注页视图中，幻灯片下方带有备注页方框，在其中可以为幻灯片添加备注内容。

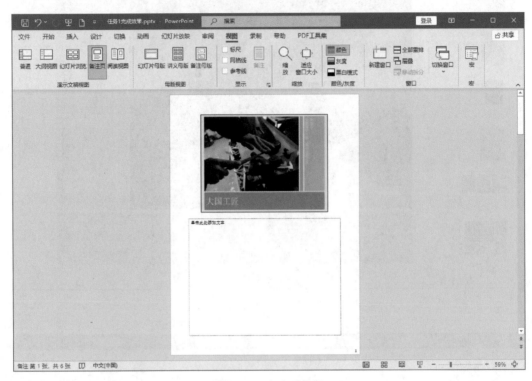

图 2-17　备注页视图

4. 认识幻灯片阅读视图

单击"视图"选项卡下"演示文稿视图"组中的"阅读视图"按钮，即可将视图切换为幻灯片阅读视图，并开始放映幻灯片，如图 2-18 所示。

5. 认识大纲视图

单击"视图"选项卡下"演示文稿视图"组中的"大纲视图"按钮，可以看到演示文稿转换为大纲视图。大纲视图与普通视图的布局相似，但大纲视图中是以大纲形式显示幻灯片中的标题文本，主要用于查看、编辑幻灯片中的文字内容，如图 2-19 所示。

图 2-18　阅读视图

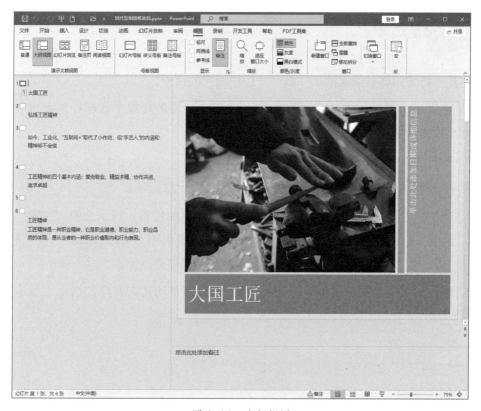

图 2-19　大纲视图

任务 3　在 PowerPoint 2021 中使用键盘进行操作

学习目标

能在 PowerPoint 2021 中熟练使用键盘进行操作。

任务描述

除使用鼠标进行操作外，PowerPoint 2021 还支持使用键盘对菜单命令进行操作，在实际应用中，熟练使用键盘进行操作可以提高操作的效率。

本任务的主要内容是利用项目二任务 1 中完成的演示文稿，练习在 PowerPoint 2021 中使用键盘进行相关操作。

实践操作

本任务将使用键盘新建演示文稿，并应用相应的模板。

1. 启动 PowerPoint 2021 后，按 Alt 键，在每个可用的功能上方都将显示相应的按键名称，以提示用户，如图 2-20 所示。

2. 按 F 键，弹出下拉列表菜单，如图 2-21 所示。

3. 按 N 键，弹出"新建演示文稿"界面，如图 2-22 所示。

4. 选中"主要事件"模板。默认的位置是"建议的搜索：演示文稿　主题　教育　图表　业务　信息图"选项。按 Tab 键，将光标定位到图 2-23 所示的"空白演示文稿"上。按→键，光标即定位到图 2-24 所示的"主要事件"上。

5. 应用"主要事件"模板。按 Enter 键，则界面自动转向新建的演示文稿中，如图 2-25 所示。

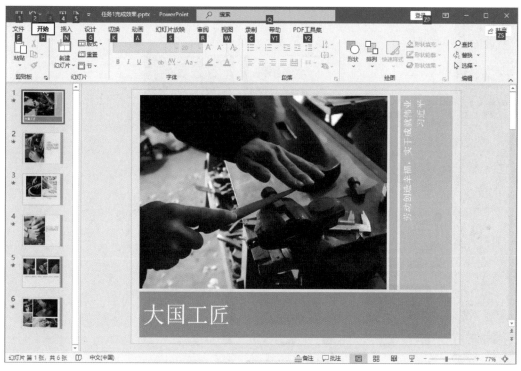

图 2-20 在可用的功能上方显示相应的按键名称

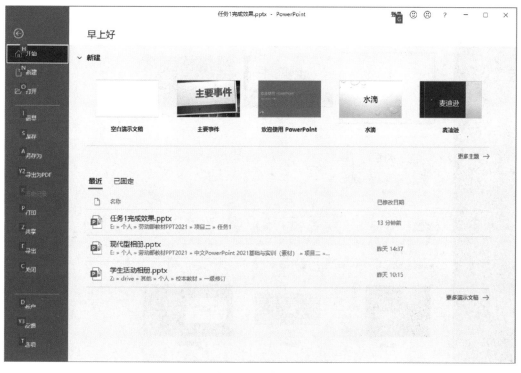

图 2-21 按 F 键后弹出下拉列表菜单

图 2-22 "新建演示文稿"界面

图 2-23 将光标定位到"空白演示文档"上

图 2-24　将光标定位到"主要事件"上

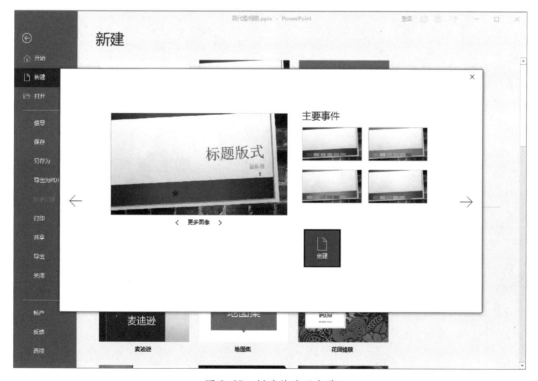

图 2-25　新建的演示文稿

1. 根据"旅行相册"模板新建一个演示文稿，然后删除原有图片并插入用户自己拍摄的照片，制作一个展示用户个人旅行历程的演示文稿。

2. 中文版 PowerPoint 2021 有哪几种视图？每一种视图的主要功能是什么？以第 1 题制作的演示文稿为例，练习不同视图间的切换操作，并在不同视图下浏览做好的演示文稿，观察各种视图的差别。

项目三
PowerPoint 2021 文本编辑操作

本项目在完成项目二学习的基础上介绍 PowerPoint 2021 文本编辑操作。

任务　制作简单的文本演示文稿

1. 能完成幻灯片的基本编辑操作。
2. 能完成 PowerPoint 2021 文本的输入操作。
3. 能完成 PowerPoint 2021 文本的编辑操作。
4. 能完成 PowerPoint 2021 文本的格式设置。

在演示文稿中，文字是最基本的组成部分。

本任务的主要内容是制作一个展示公司发展历史的简单演示文稿（以百度公司为例），练习 PowerPoint 2021 的文本输入和编辑操作。

本任务开始接触幻灯片的制作，在制作幻灯片之前，还需要了解一些排版的相关知识。制作幻灯片的目的是为演讲者的演讲提供辅助，为听众服务。所以在制作时，要根据演讲的场合、面向的听众等具体情况，制作合适的幻灯片，切忌以自我为中心。要使幻灯片具有说服力，首先应注意幻灯片的结构应简明、清晰，一般常用"并列"或"递进"两类结构，可通过不同层次"标题"的分层，标明整个幻灯片的逻辑关系；其次要注意幻灯片的风格应简洁、明快，即采用尽量少的文字、合适的图片、适量的图表与简洁的数字，幻灯片背景切忌乱用图片，可用空白或是较淡的底色，以凸显其上下图文，在颜色的使用上也要注意协调；最后，还要注意布局，单页幻灯片布局要有空余空间和均衡感。制作完幻灯片后，可切换到"幻灯片浏览视图"，查看整篇演示文稿是否有比较突兀、不协调的地方。

1. 输入文本

（1）在占位符中直接输入文本

单击占位符，可看见光标闪动，此时即可输入文本（见图 3-1）。

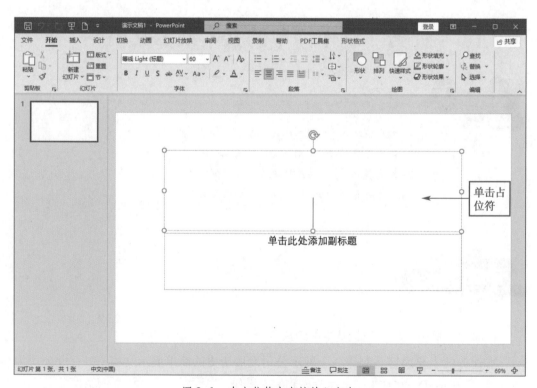

图 3-1 在占位符中直接输入文本

技巧

> 占位符是创建的新幻灯片中出现的各种边框，每个占位符都有提示文字，单击占位符即可在其中添加文字和对象。

（2）使用文本框输入文本

1）添加一张空白的幻灯片，如图 3-2 和图 3-3 所示。

2）单击"插入"选项卡下"文本"组中的"文本框"按钮，在弹出的菜单中选择"绘制横排文本框"，然后在空白处单击，可看见光标闪动，即可编辑文本，如图 3-4 所示。输入完文本后的效果如图 3-5 所示。

2.　选取文本

将鼠标光标移动到所要选取文本前端，按住鼠标左键，拖到文本末端，即可完成选取文本操作。图 3-6 所示阴影部分是所要选取的内容。

图 3-2　添加一张空白的幻灯片

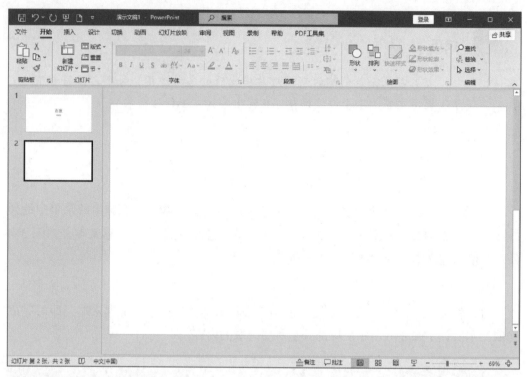

图 3-3　添加完成后的效果

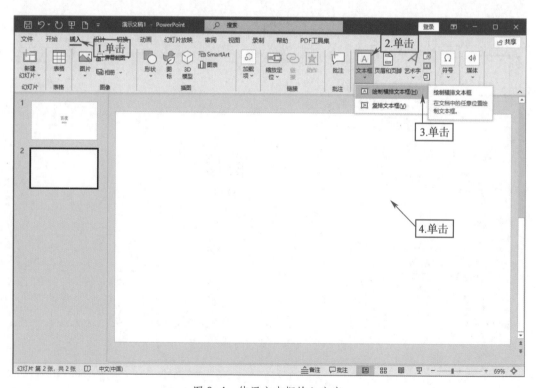

图 3-4　使用文本框输入文字

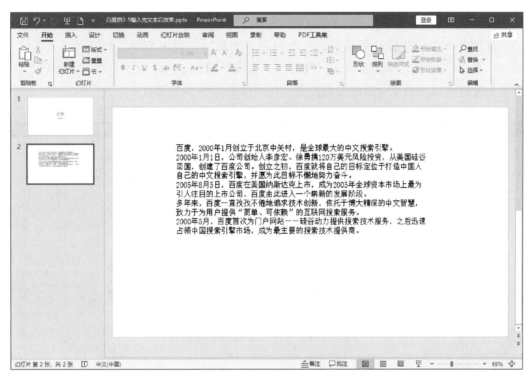

图 3-5　输入完文本后的效果

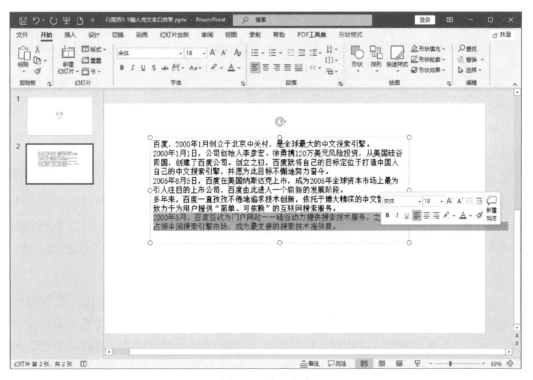

图 3-6　选取文本

3. 移动文本

在图 3-6 中，按照时间顺序，文本内容中的最后一段应放到"2005 年 8 月 5 日"前面，此处将用到文本移动操作。先进行"选取"操作，选取所要移动的文本后，按住鼠标左键将文本移至合适的位置。完成后的效果如图 3-7 所示。

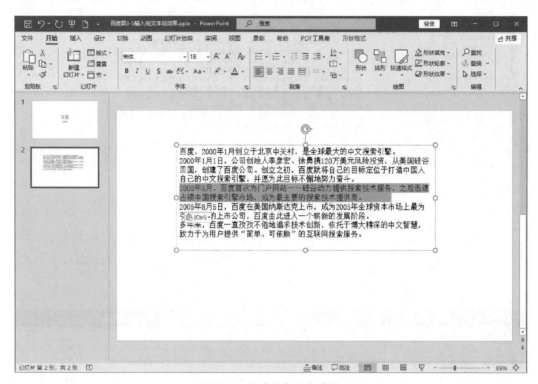

图 3-7　移动文本后的效果

4. 复制、剪切与粘贴文本

（1）复制、粘贴文本

选取所需要复制的文本（"2000 年 1 月 1 日……努力奋斗。"），右击鼠标，在弹出的快捷菜单中选择"复制"选项，在适当的位置再次右击鼠标，在弹出的快捷菜单中选择"粘贴"选项，即可完成复制、粘贴操作。本操作的快捷方式为 Ctrl+C（复制）和 Ctrl+V（粘贴）。图 3-8 所示为将第 2 页幻灯片部分内容复制到新建的第 3 页幻灯片中。

（2）剪切、粘贴文本

选取所需要剪切的文本（"2000 年 5 月……搜索服务。"），右击鼠标，在弹出的快捷菜单中选择"剪切"选项，在适当的位置再次右击鼠标，在弹出的快捷菜单中选择"粘贴"选项，即可完成剪切、粘贴操作。本操作的快捷方式为 Ctrl+X（剪切）和 Ctrl+V（粘贴）。图 3-9 所示为将第 2 页幻灯片部分内容剪切并粘贴到新建的第 4 页幻灯片中。

图 3-8　将第 2 页幻灯片部分内容复制、粘贴到第 3 页幻灯片中

图 3-9　将第 2 页幻灯片部分内容剪切、粘贴到第 4 页幻灯片中

此时再看第 2 页幻灯片中的内容，如图 3-10 所示，发现复制、粘贴的那段文字还在，而剪切、粘贴的那段文字已经不在了，这就是复制、粘贴和剪切、粘贴的区别所在。为了使制作的幻灯片内容不重复，将第 2 页幻灯片中的文本"2000 年 1 月 1 日……努力奋斗。"删除，可选中这段文字后按 Backspace 键删除或按 Delete 键删除。

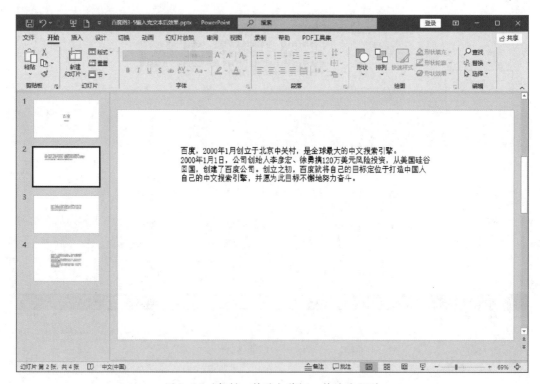

图 3-10　复制、粘贴与剪切、粘贴的区别

5. 替换与查找文本

单击"开始"选项卡下"编辑"组中的"替换"按钮，弹出"替换"对话框，先在"查找内容"框中输入要被替换的内容，然后在"替换为"框中输入替换的内容，单击"替换"按钮或"全部替换"按钮，即可完成查找并替换的操作。如果仅需要查找，则在"编辑"组中单击"查找"按钮即可。在本任务中，要将文字"百度"全部替换成"百度（Baidu）"，在"查找内容"框中输入"百度"，在"替换为"框中输入"百度（Baidu）"，再单击"全部替换"按钮，即可完成替换，如图 3-11 所示。

6. 选择合适的主题

关于主题的相关内容将在项目六中讲到。此处为了使制作的幻灯片更美观，先选择一个合适的主题。单击"设计"选项卡，选择一个合适的主题（见图 3-12）。

图 3-11　替换与查找文本

图 3-12　选择一个合适的主题

7. 设置简单文本格式

（1）设置字体

选中要改变字体的文字（第 2 页幻灯片中的全部文字），单击"开始"选择卡下"字体"组中"字体"框右侧的下三角按钮，在弹出的下拉列表中选择合适的字体，此处选择"黑体"（见图 3-13）。

图 3-13　设置字体

（2）设置字号

选中要改变字号的文字（第 2 页幻灯片中的全部文字），单击"开始"选项卡下"字体"组中"字号"框右侧的下三角按钮，在弹出的下拉列表中选择合适的字号，此处选择"44"，如图 3-14 所示。

使用类似的方法，改变第 3、4 两页幻灯片中文字的字体、字号，再拖动调整文字位置，最终得到的幻灯片如图 3-15 所示。

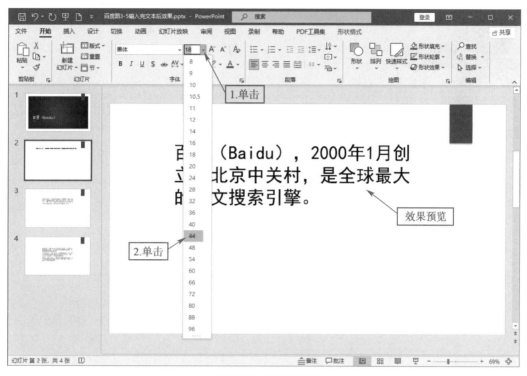

图 3-14　设置字号

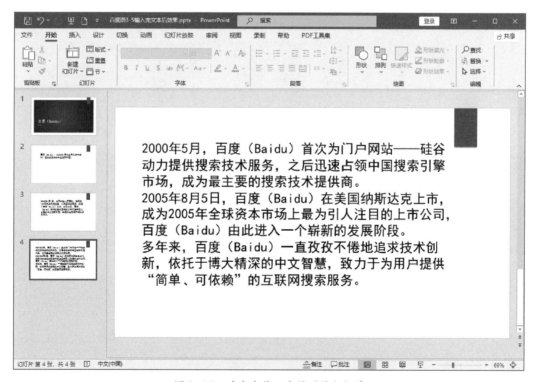

图 3-15　改变字体、字号后的幻灯片

1. 在幻灯片中添加文本的方法有哪几种？新建一个演示文稿，试用其中一种方法添加文本。

2. 打开本项目素材中名为"联想集团简介 .txt"的文件，以其中的内容为基础，运用本项目所学知识制作一个介绍联想集团的演示文稿。

项目四
PowerPoint 2021 段落编排操作

任务　编排演示文稿段落

1. 熟练掌握文本编辑操作。
2. 掌握段落格式的设置方法。
3. 掌握 PowerPoint 2021 项目符号和编号的使用方法。

　　在项目三中提到了幻灯片的结构、风格、布局方面的知识及注意事项。一般来说，在幻灯片的布局方面，要使幻灯片结构合理，单页幻灯片要有空余空间和均衡感，对文字部分来说则需要充分进行文本格式和段落格式的合理设置。演示文稿一般由多页幻灯片组成，只有掌握了做好单页幻灯片的方法，才能进一步处理好演示文稿的结构、风格及布局等问题。

　　本任务的主要内容是制作一个关于工匠精神的简单演示文稿，练习文本编辑操作、段落格式设置以及项目符号和编号的使用方法。

1. 新建幻灯片并输入文字内容

（1）启动 PowerPoint 2021

在打开的 PowerPoint 工作界面中单击"开始"选项卡下"幻灯片"组中的"新建幻灯片"按钮，添加所需的幻灯片页数，此处添加 4 页，如图 4-1 所示。

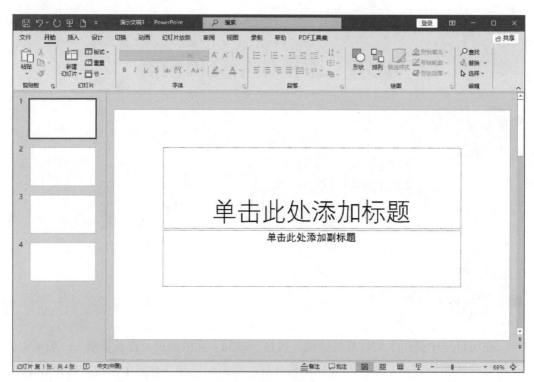

图 4-1　添加幻灯片

（2）选择幻灯片版式

首先单击选中第 1 页幻灯片，然后单击"幻灯片"组中的"版式"按钮，在弹出的下拉列表中选择合适的版式，此处选择"仅标题"，如图 4-2 所示。依照此种方法设置其他幻灯片的版式。

（3）插入文本

单击选中幻灯片，然后单击文本框，插入光标，在光标处输入文字（如何输入文本及简单的文本编辑见项目三）并对齐文本内容，如图 4-3 所示。

图 4-2 选择幻灯片版式

图 4-3 输入文本

本任务需要用到的文本内容在素材"工匠精神 .txt"文档中，可以打开此文档，将内容分别复制到每一页幻灯片中，如图 4-4 所示。

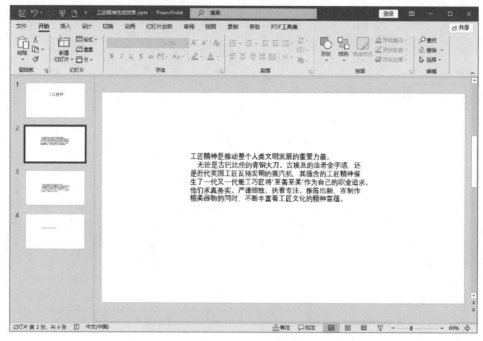

图 4-4　输入文本后的效果

（4）应用主题

单击"设计"选项卡下"主题"组右侧的"其他"按钮，在弹出的下拉列表中选择合适的主题，如图 4-5 所示。

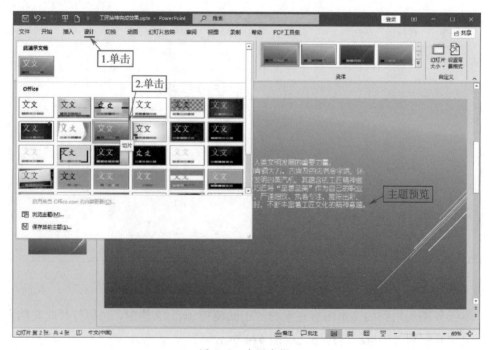

图 4-5　应用主题

2. 设置字体格式

图 4-6 所示为设置字体格式功能区。

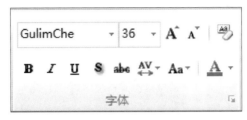

图 4-6　设置字体格式功能区

（1）设置字体

选中要改变字体的文本，单击"开始"选项卡下"字体"组中"字体"框右侧的下三角按钮，在弹出的下拉列表中选择合适的字体，如图 4-7 所示。

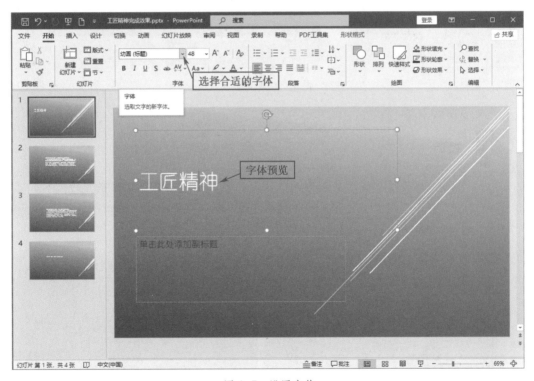

图 4-7　设置字体

（2）设置字号

选中要改变字号的文本，单击"开始"选项卡下"字体"组中"字号"框右侧的下三角按钮，在弹出的下拉列表中选择合适的字号，如图 4-8 所示。

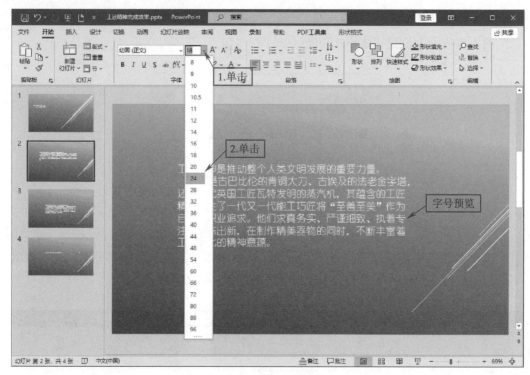

图 4-8 设置字号

技巧

除了上述改变字号的方法外，还可以选中需要改变字号的文本，单击"增大字号"按钮（见图 4-9）或"减小字号"按钮即可改变字号大小。

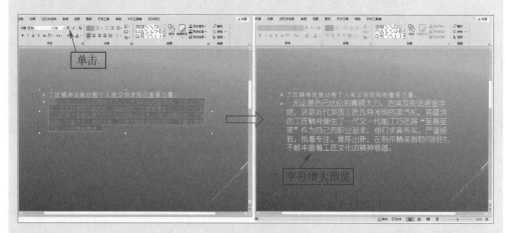

图 4-9 增大字号

（3）设置字体颜色

选中需要改变颜色的文本，单击"开始"选项卡下"字体"组中"颜色"按钮右侧的下三角按钮，在弹出的下拉列表中选择合适的颜色，如图 4-10 所示。

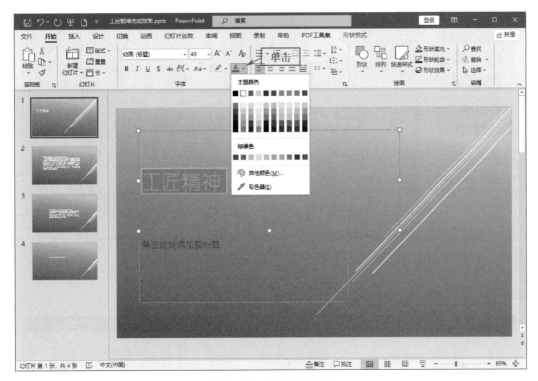

图 4-10　设置字体颜色

（4）设置字符间距

选中需要调整字符间距的文本，单击"开始"选项卡下"字体"组中"字符间距"按钮右侧的下三角按钮，在弹出的下拉列表中选择合适的间距，如图 4-11 所示。

（5）改变大小写（针对拼音和英语）

选中文本，单击"开始"选项卡下"字体"组中"大小写"按钮右侧的下三角按钮，在弹出的下拉列表中选择相应的格式，如图 4-12 所示。

（6）加粗文本

选中文本，单击"开始"选项卡下"字体"组中的"加粗"按钮即可，如图 4-13 所示。若要取消加粗效果，则再单击一次"加粗"按钮。

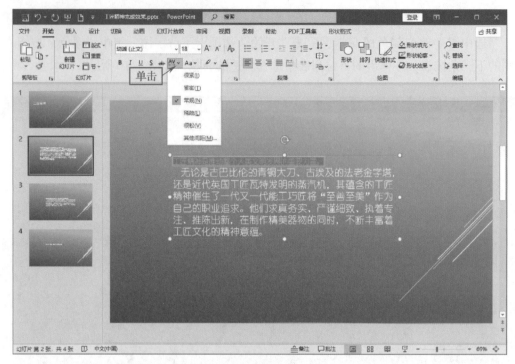

图 4-11　设置字符间距

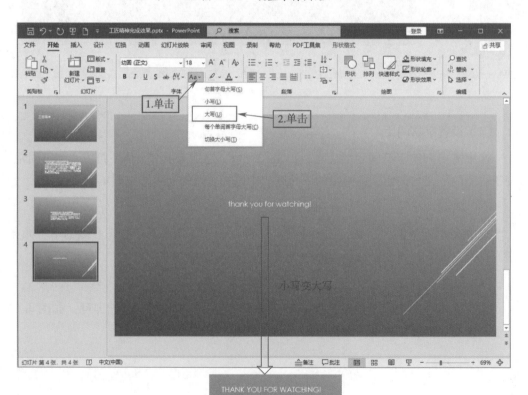

图 4-12　设置大小写

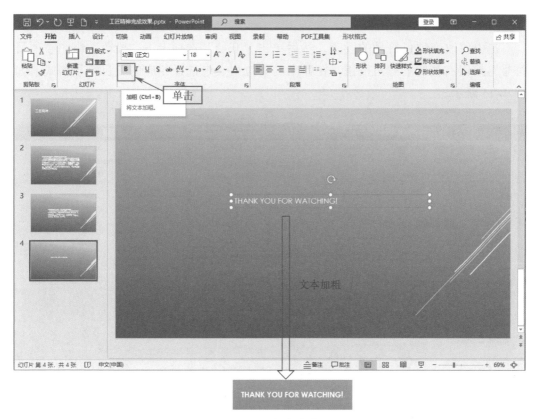

图 4-13 加粗字体

技巧

下画线、删除线、清除所有格式的用法与加粗字体类似。

3. 设置段落格式

图 4-14 所示为设置段落格式功能区。

图 4-14 设置段落格式功能区

（1）设置项目符号（在内容文本框中一般已有项目符号，此处是改变项目符号）

选中要改变项目符号的段落，然后单击"开始"选项卡下"段落"组中"项目符号"按钮右侧的下三角按钮，在弹出的下拉列表中选择相应的项目符号格式，如图 4-15 所示。

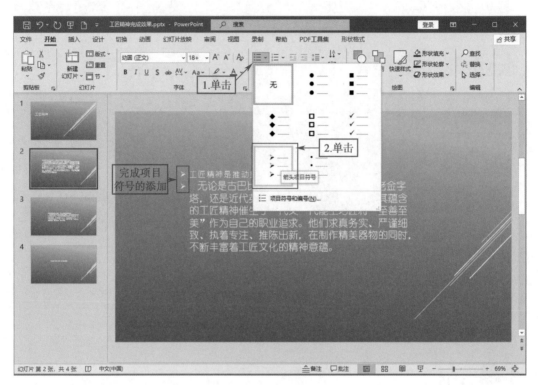

图 4-15　设置项目符号

（2）设置编号

选中要添加编号的段落，然后单击"开始"选项卡下"段落"组中"编号"按钮右侧的下三角按钮，在弹出的下拉列表中选择合适的编号即可添加编号，如图 4-16 所示。

（3）设置列表级别

选中文本，单击"开始"选项卡下"段落"组中的"提高列表级别"或"降低列表级别"按钮即可设置列表级别，如图 4-17 所示。

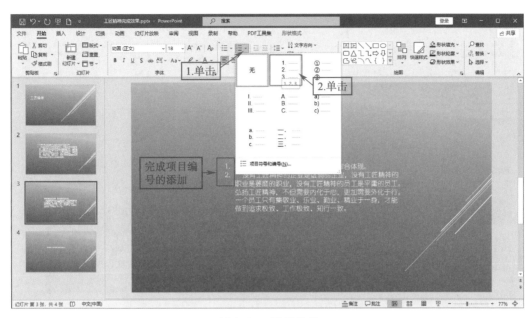

图 4-16　设置编号

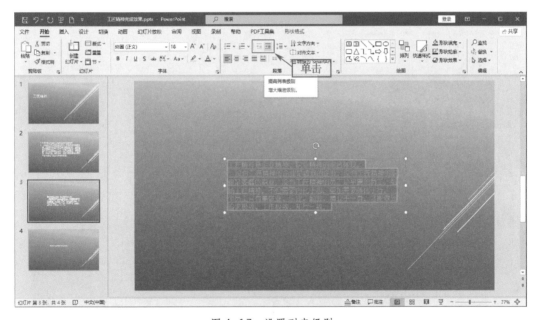

图 4-17　设置列表级别

（4）设置文字方向

　　选中文本，单击"开始"选项卡下"段落"组中"文字方向"按钮右侧的下三角按钮，在弹出的下拉列表中选择合适的文字方向，图 4-18 所示为横排的效果。文字方向改变为"竖排"后的效果如图 4-19 所示。

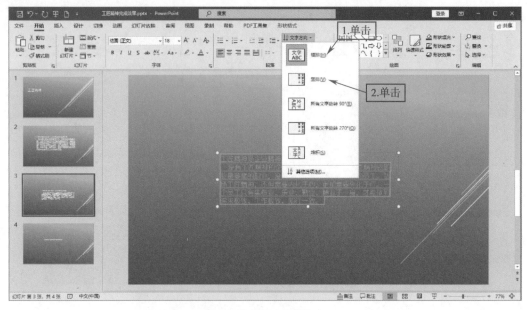

图 4-18　设置文字方向

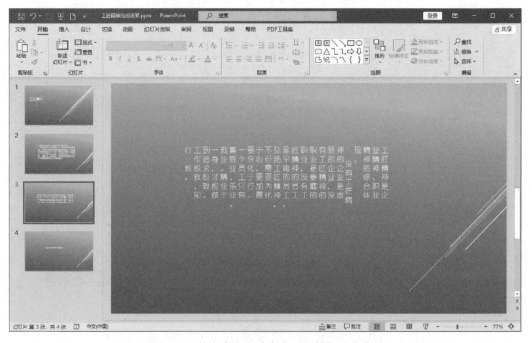

图 4-19　将文字方向改变为"竖排"后的效果

（5）设置文字对齐（文本框中文本左右方向居中对齐）

　　选中文本，单击"开始"选项卡下"段落"组中的对齐方式即可，此处选择"居中对齐"，如图 4-20 所示。所选文本在左右方向已居中对齐，如图 4-21 所示。

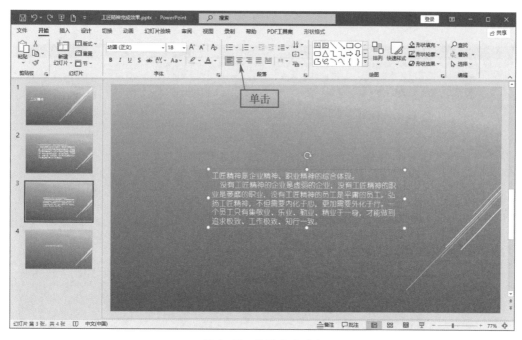

图 4-20 设置文字对齐

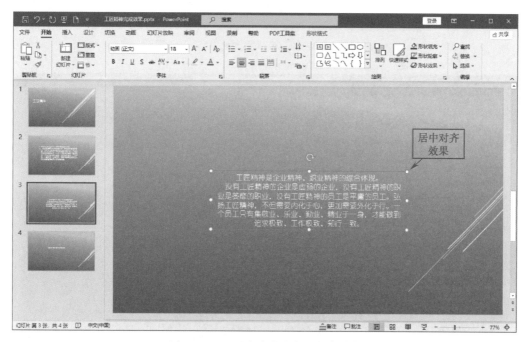

图 4-21 设置文本左右方向居中对齐

（6）设置文本对齐（文本框中文本上下方向居中对齐）

选中文本，单击"开始"选项卡下"段落"组中"对齐文本"按钮右侧的下三角按钮，在弹出的下拉列表中选择合适的对齐方式，此处选择"中部对齐"，如图 4-22

所示，所选文本在上下方向已居中对齐，如图 4-23 所示。

图 4-22　设置文本对齐

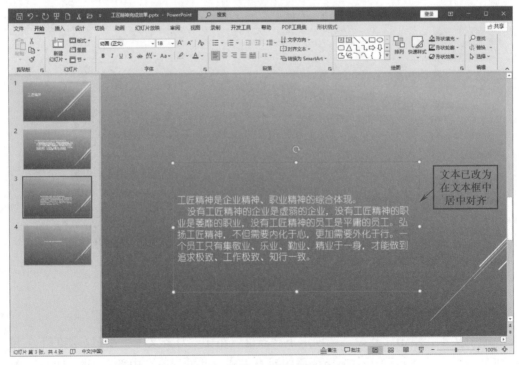

图 4-23　文本上下方向居中对齐

（7）设置段落对齐

选中段落，单击"开始"选项卡下"段落"组右下角的"段落"按钮 ，在弹出的"段落"对话框中单击"对齐方式"框右侧的下三角按钮，在弹出的下拉列表中选择合适的对齐方式（此处选择"右对齐"），再单击"确定"按钮，如图 4-24 所示。此时，选中段落的对齐方式已改变，由"居中"改为"右对齐"，如图 4-25 所示。

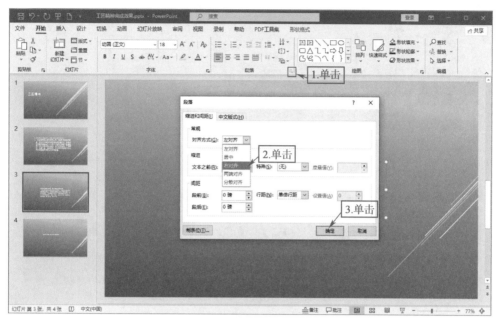

图 4-24　将段落对齐方式由"居中"改为"右对齐"

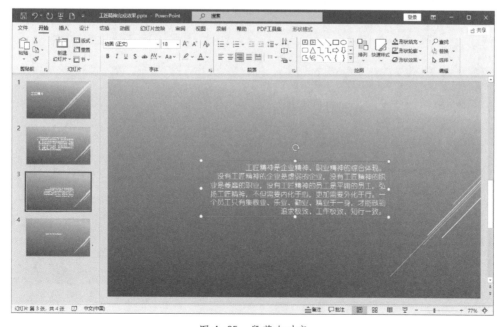

图 4-25　段落右对齐

（8）设置分栏

选中文本，单击"开始"选项卡下"段落"组中"分栏"按钮右侧的下三角按钮，在弹出的下拉列表中选择合适的分栏方式。此处选择"三栏"，如图4-26所示。此时所选文本已分为三栏，如图4-27所示。

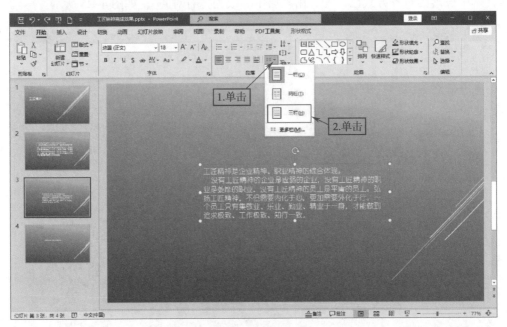

图 4-26　分栏操作

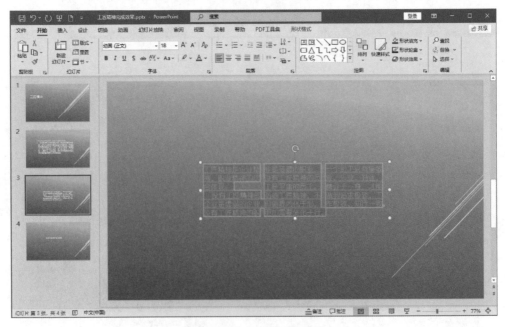

图 4-27　分为三栏后的效果

打开素材中文件名为"团队合作 .txt"的文档，以其中的内容为基础制作幻灯片，注意段落格式的设置方法以及项目符号和编号的使用。

项目五
PowerPoint 2021 图片处理操作

任务　制作公司介绍演示文稿

1. 能在 PowerPoint 2021 演示文稿中插入图片。
2. 能使用图形工具绘制所需图形。
3. 能完成 PowerPoint 2021 的图片处理操作。
4. 能使用艺术字美化文字效果。
5. 能使用 PowerPoint 2021 中的 SmartArt 图形功能制作所需图形。

在日常工作中，有时需要向客户介绍公司的相关情况，这时就会用到 PowerPoint 演示文稿。在使用 PowerPoint 制作介绍公司情况的演示文稿时，合理地使用图形和图片，能够更加直观、形象地表达和描述相关内容。

PowerPoint 2021 中提供了 SmartArt 图形功能，通过 SmartArt 图形不仅可以非常直观地说明层次关系、附属关系、并列关系及循环关系等各种常见关系，而且制作出来的图形非常美观，具有很强的立体感和画面感。

PowerPoint 2021 中提供的 SmartArt 图形类型包括列表、流程、循环、层次结构、关系、矩阵、棱锥图和图片等，不同类型的 SmartArt 图形表示了不同的关系。

本任务的主要内容是制作一个介绍公司情况的演示文稿，练习 PowerPoint 2021 中与图形、图片相关的操作。

使用模板新建一个演示文稿，并进行相关的文本输入、字体格式设置、段落格式设置等操作。此部分内容已在前文中介绍过，本任务中不再介绍。本任务可直接打开素材中已准备好的文件名为"公司背景（文本）"的演示文稿。打开后第 1 页如图 5-1 所示。

图 5-1　已准备好的演示文稿（文本形式）

1. 使用艺术字

选中第 1 页中的文字"林浩"，单击"形状格式"选项卡下"艺术字样式"组中的"文本效果"按钮，将鼠标指针停留在下拉列表中"发光"一栏 1 ~ 2 s，弹出若干关于发光变体的选项，单击选择其中一种形式，如图 5-2 所示。

PowerPoint 2021 为用户准备了一些常用的艺术字样式。此处选择第 2 页幻灯片中的文字"以人为本，品质至上"，单击"形状格式"选项卡下"艺术字样式"组中的

"文本样式"框右下侧的"其他"按钮，弹出一个可供选择的列表，单击选择自己喜欢的样式即可，如图 5-3 所示。

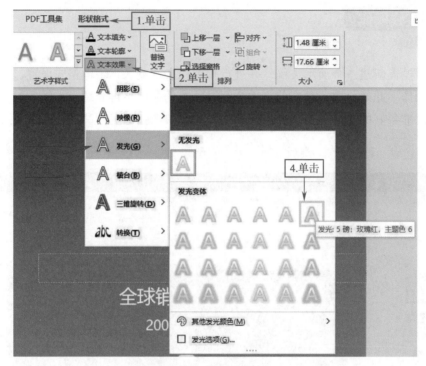

图 5-2　使用艺术字

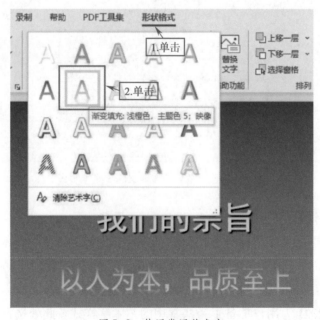

图 5-3　使用常用艺术字

2. 插入图片及设置图片格式

（1）插入图片

在幻灯片中插入图片。先选中第 4 页幻灯片，单击"插入"选项卡下"图像"组中的"图片"按钮，在弹出的下拉列表中选择插入图片来自"此设备"，在弹出的"插入图片"对话框中选择要添加的图片即可，此处选择"背景 .jpg"图片，如图 5-4 所示。

图 5-4　插入图片

（2）设置图片颜色

插入图片后，由于图片与背景色彩形成强烈反差，不美观，可以单击"图片格式"选项卡下"调整"组中的"颜色"按钮，在弹出的下拉列表中选择"设置透明色"，如图 5-5 所示，设置完成后的效果如图 5-6 所示。还可以在"图片样式"组中设置图片的样式，如图 5-6 所示，其基本操作比较类似，用户可以自己尝试。

（3）调整图片的大小和位置

由于插入的图片以原始尺寸出现，并不一定适合幻灯片的排版，因此，需要对图片的大小和位置进行调整。可使用鼠标拖动图片四个边角的控制点来调整图片的大小，并使用鼠标拖动的方式调整图片的位置，或是选中图片后单击鼠标右键，然后在弹出的菜单中选择"大小和位置"，则会弹出"设置图片格式"窗格，里面含有"大小""位置"等选项，如图 5-7 所示，可根据具体需要修改图片。

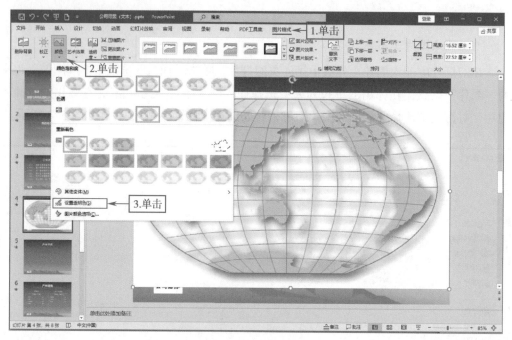

图 5-5　设置透明色操作

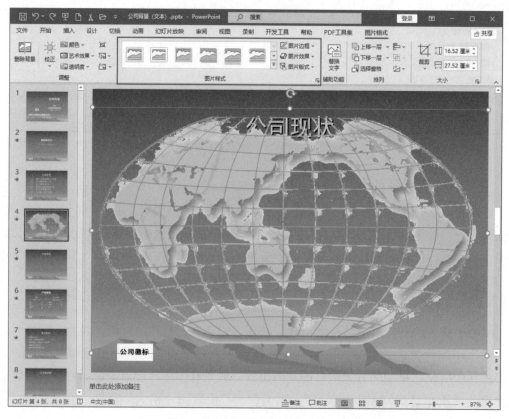

图 5-6　设置透明色后的图片效果

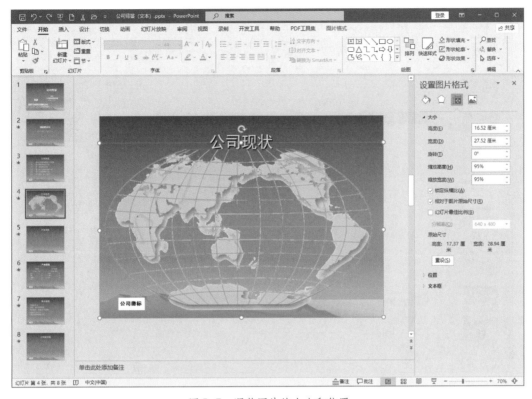

图 5-7　调整图片的大小和位置

（4）调整图片的亮度和对比度

选中图片后单击鼠标右键，在弹出的菜单中选择"设置图片格式"，在弹出的"设置图片格式"窗格中单击"图片"选项卡，然后单击"图片校正"就会出现"亮度"和"对比度"的修改框，如图 5-8 所示。对亮度和对比度进行适当调节，以得到期望的效果。

（5）在图片上添加文字

如果需要在图片上添加文字，可以单击"插入"选项卡下"文本"组中的"文本框"按钮，在弹出的下拉列表中选择"绘制横排文本框"或"竖排文本框"，然后输入需要的内容，此处选择"绘制横排文本框"，如图 5-9 所示。在图片上添加文字后的效果如图 5-10 所示。

（6）压缩图片

在第 5 页幻灯片中插入"产品销售 .jpg"图片文件。在 PowerPoint 中，有时由于图片过大，会导致处理速度较慢，且整个文件过于冗长。此时可以单击"图片格式"选项卡下"调整"组中的"压缩图片"按钮，在弹出的"压缩图片"对话框中对图片进行压缩，如图 5-11 所示。

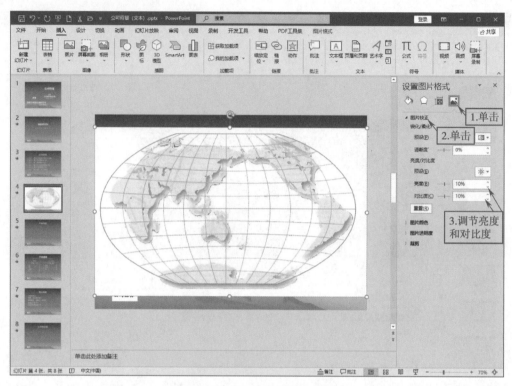

图 5-8　调整图片的亮度和对比度

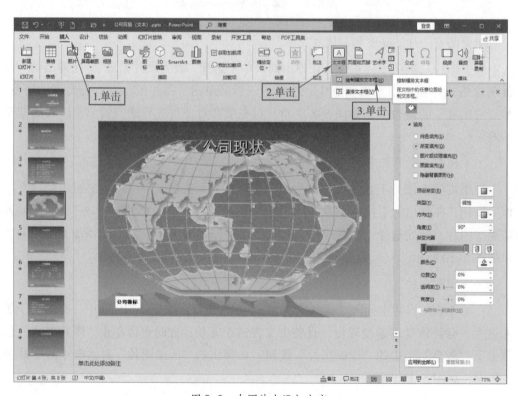

图 5-9　在图片上添加文字

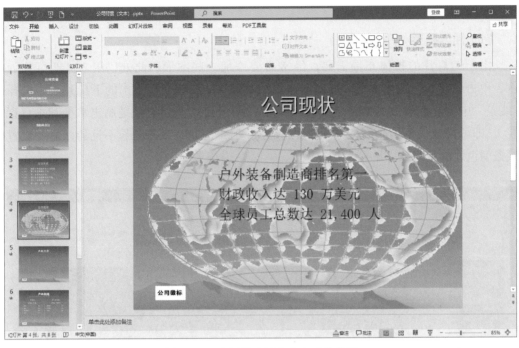

图 5-10　在图片上添加文字后的效果

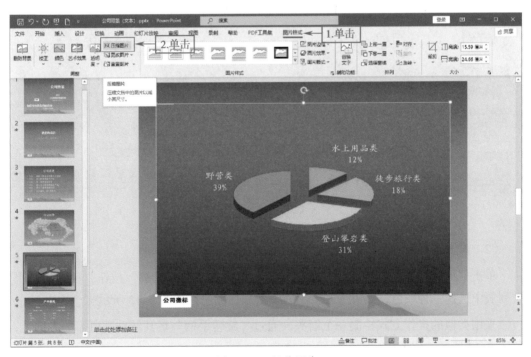

图 5-11　压缩图片

3. 使用绘制图形工具

（1）插入图形

由于幻灯片的整体布局需要，经常需要添加一些图形。此处以第3页幻灯片为例，单击"插入"选项卡下"插图"组中的"形状"按钮，在弹出的下拉列表中选择"线条"中的"直线"，从线条起点拉到终点（按住 Shift 键可方便地画出水平和垂直直线），即可完成线条的绘制，如图 5-12 所示。但是，此时线条是看不见的，需要设置线条颜色才能让线条可见。

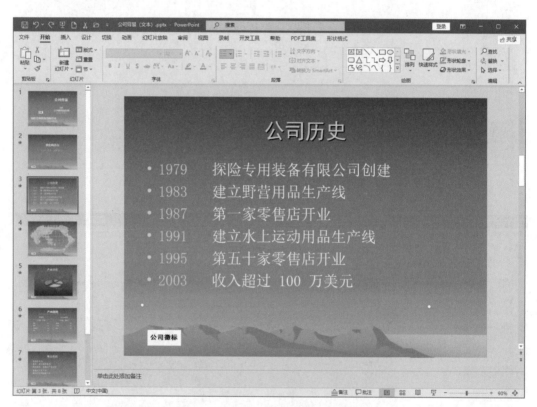

图 5-12　插入图形

（2）设置图形格式

单击"形状格式"选项卡下"形状样式"组中的"形状轮廓"按钮，在弹出的下拉列表中选择一种颜色，即可为刚绘制的线条添加颜色，如图 5-13 所示。

采用类似的操作方式绘制一个箭头，通过"旋转手柄"将其转动到所需的方向上，如图 5-14 所示。完成后的效果如图 5-15 所示。

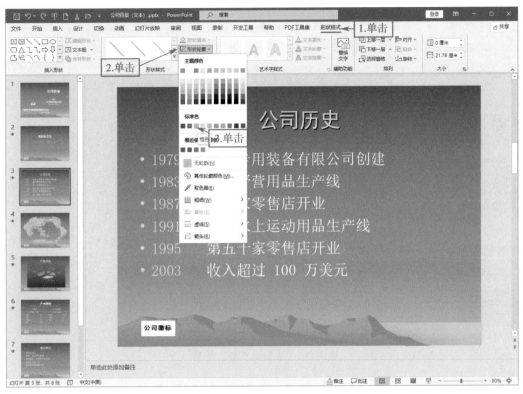

图 5-13 设置图形格式

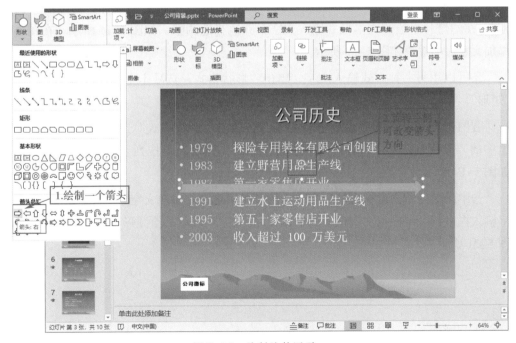

图 5-14 绘制旋转图形

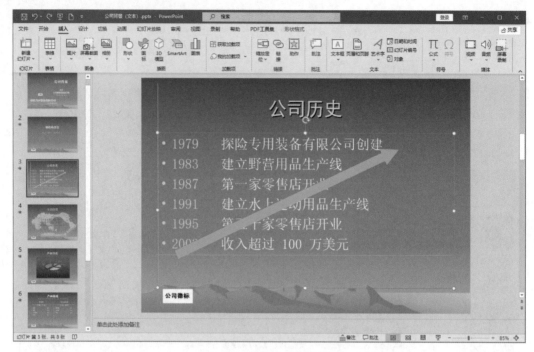

图 5-15　绘制完成后的效果

（3）使用文本框在图形上添加文字

前面输入的文字与图形搭配不够好，这里可以进行适当的修改。单击"插入"选项卡下"文本"组中的"文本框"按钮，在弹出的下拉列表中选择"绘制横排文本框"，在幻灯片里绘制文本框并输入文字，并适当地调整，如图 5-16 所示。在图形上添加文字后的效果如图 5-17 所示。

还可以用另一种方式输入文字。单击"形状格式"选项卡下"插入形状"组中的"矩形"，在合适的位置绘制图形，如图 5-18 所示。

若图形默认填充的颜色不符合要求，可单击"形状格式"选项卡下"形状样式"组中的"形状填充"按钮右侧的下三角按钮，在弹出的下拉列表中选择合适的颜色，如图 5-19 所示。

选中图形后单击鼠标右键，在弹出的菜单中选择"编辑文字"，此时图形中出现文字输入提示符，可进行文字输入的操作，如图 5-20 所示。给图形添加文字后的效果如图 5-21 所示。

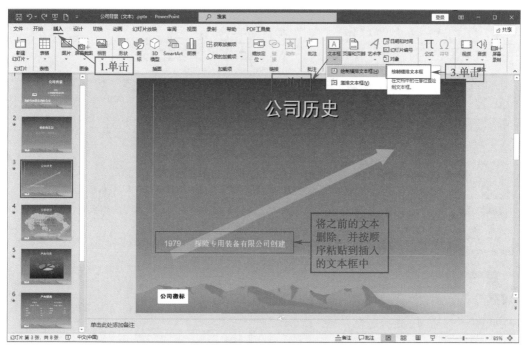

图 5-16　在图形上添加文字并进行调整

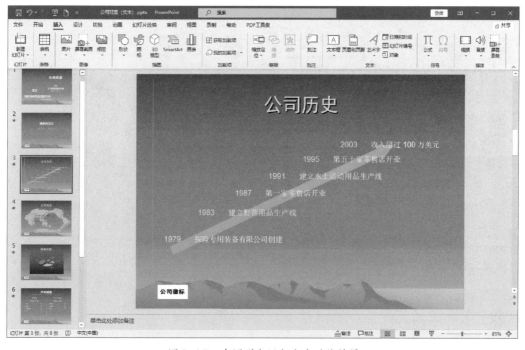

图 5-17　在图形上添加文字后的效果

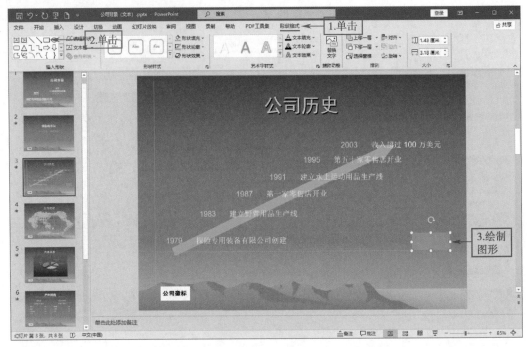

图 5-18　绘制矩形

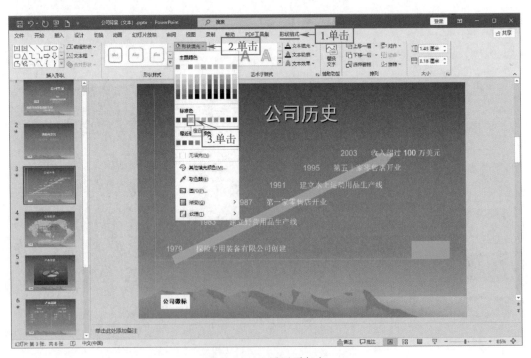

图 5-19　设置图形颜色

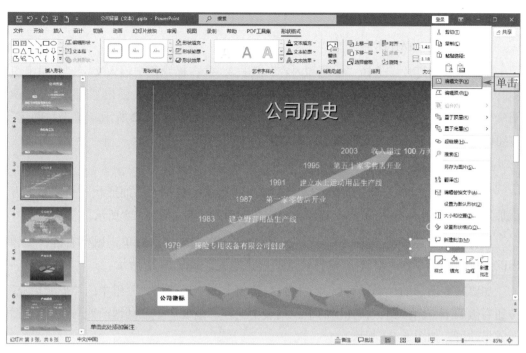

图 5-20　给图形添加文字

图 5-21　给图形添加文字后的效果

4. 使用 SmartArt 图形

（1）插入 SmartArt 图形

新建一页幻灯片（选择"标题和内容"版式），并在标题栏中输入文字"公司组织图"，单击"插入"选项卡下"插图"组中的"SmartArt"按钮，弹出"选择 SmartArt 图形"对话框，选择"层次结构"→"组织结构图"，如图 5-22 所示，单击"确定"按钮即可。插入 SmartArt 图形后的效果如图 5-23 所示。

（2）调整 SmartArt 图形

在选中的长方形上单击鼠标右键，在弹出的菜单中选择"添加形状"→"在下方添加形状"，如图 5-24 所示。调整 SmartArt 图形后的效果如图 5-25 所示。

如有需要，还可对 SmartArt 的形状进行修改。在选中图形后单击鼠标右键，在弹出的菜单中选择"更改形状"，选择合适的形状即可，如图 5-26 所示。

如要改变图形的色彩，可单击"格式"选项卡下"形状样式"组中的"形状填充"按钮右侧的下三角按钮，在弹出的下拉列表中选择"渐变"→"其他渐变"，选择合适的效果即可，如图 5-27 所示。

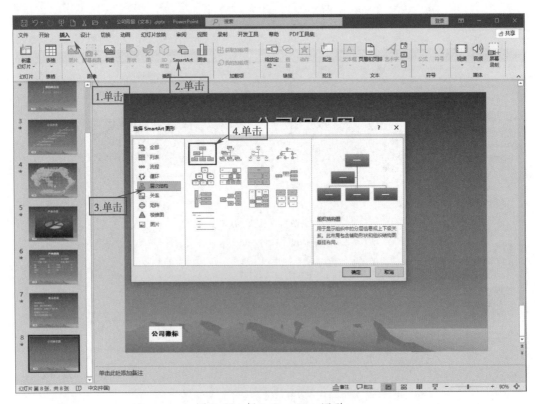

图 5-22　插入 SmartArt 图形

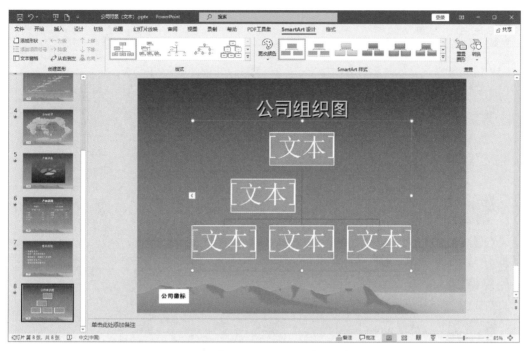

图 5-23　插入 SmartArt 图形后的效果

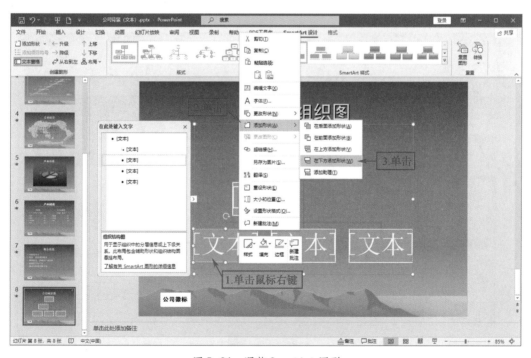

图 5-24　调整 SmartArt 图形

图 5-25　调整 SmartArt 图形后的效果

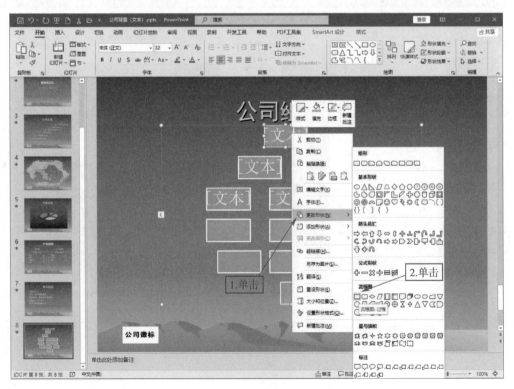

图 5-26　更改形状

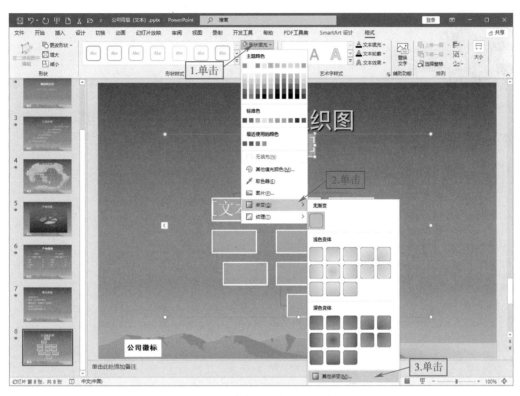

图 5-27　改变图形色彩后的效果

在相应文本框中输入文字并调整字体和字号，整理完成后的最终效果如图 5-28 所示。

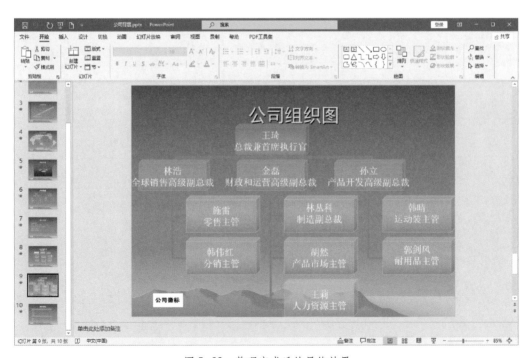

图 5-28　整理完成后的最终效果

选择一家自己了解或喜欢的公司，从该公司的网站上获取资料，制作一份介绍该公司的演示文稿。要求演示文稿制作尽量精美，有相关文字介绍及图片说明。

项目六
修饰 PowerPoint 2021 演示文稿

　　一份演示文稿能否吸引观众的注意力，除了内容外，画面色彩和背景图案也起到了重要作用。在 PowerPoint 2021 中，用户可以利用演示文稿的设计功能来对画面色彩和背景图案进行设置。合理使用主题、背景、母版，将有助于用户制作出美观、专业的演示文稿。

任务 1　设置幻灯片主题

1. 能叙述幻灯片主题的作用。
2. 能完成幻灯片主题的设置。

　　主题是一组统一的设计元素，包含颜色、字体和图形等，用来设置文档的外观。

　　通过应用主题，可以快速而轻松地设置整个文档的格式，赋予其专业和时尚的外观。

每一种主题效果方案都定义了一种特殊的图形显示效果，该效果将会应用在所有的形状、示意图，甚至表格之中。在"主题效果库"中，不同的图形效果之间可以快速转换，以使用户能方便、快捷地查看实际显示效果。

本任务的主要内容是利用幻灯片主题功能对关于工匠精神的演示文稿进行美化。

1. 应用主题

打开素材中文件名为"工匠精神（项目六）.pptx"的演示文稿，原始图样如图 6-1 所示，单击"设计"选项卡下"主题"组右下侧的"其他"按钮，在弹出的下拉列表中单击任意主题样式，页面会产生相应的变化，如图 6-2 所示。

图 6-1　原始图样

图 6-2 应用主题后的效果

技巧

在主题库中选择某一个主题，相当于幻灯片应用了一整套新的颜色、字体、效果、背景和布局。

2. 更改主题颜色

在修改主题样式的方法当中，更改主题颜色的效果是最为直观和显著的。单击"设计"选项卡下"变体"组右下侧的"其他"按钮，单击"颜色"，在弹出的下拉列表中选择相应的颜色式样即可。此处选择"橙红色"式样，效果如图 6-3 所示。

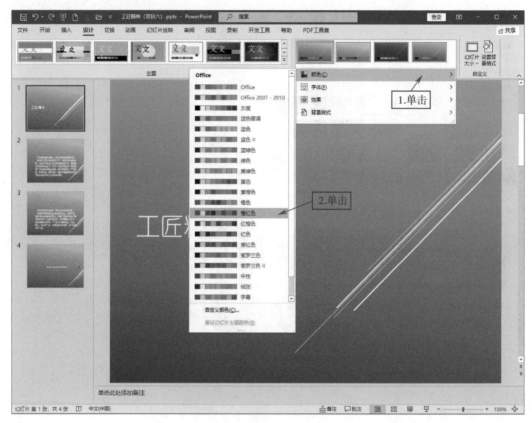

图 6-3　应用"橙红色"颜色主题

 技巧

　　还可以自定义设定颜色，选择"颜色"下拉列表最下方的"自定义颜色"来进行主题颜色的设定。制作完成一个新的主题后，就可以简单地在"新建主题颜色"对话框的底部单击"保存"按钮，命名这个主题并保存，之后这个新建主题就会被添加到颜色库中"自定义分类"的顶部。

3. 应用主题样式字体

　　单击"设计"选项卡下"变体"组右下侧的"其他"按钮，在弹出的下拉列表中选择"字体"，并选择相应的字体样式，即可改变幻灯片中所有标题和项目内容的字体。图 6-4 中将原主题中默认"橙红色"效果中的隶书字体改为"微软雅黑"。

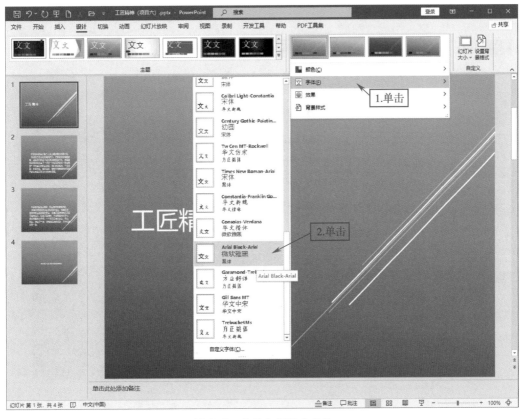

图 6-4　应用主题样式字体

 技巧

　　通过改变某个主题中的字体样式，可以将幻灯片的风格从"随意"转换为"正式"。每一款字体的上方都标注了该字体来源于哪一个基本的模板，甚至可以使用菜单最下方的"自定义字体"来创作出自己独有的新的主题字体。

4. 应用主题效果

　　单击"设计"选项卡下"变体"组右下侧的"其他"按钮，在弹出的下拉列表中选择"效果"（见图 6-5），并选择所需的主题效果即可。应该注意的是，效果一般应用在形状上，对文字不起作用。

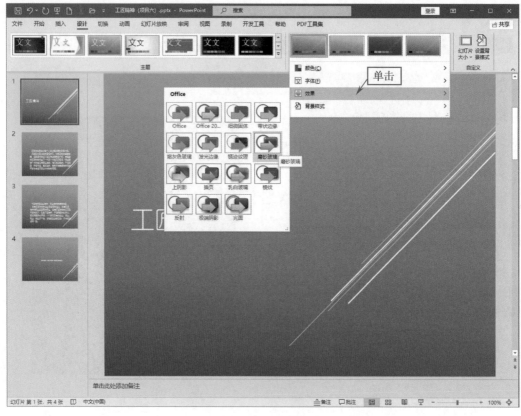

图 6-5 应用主题效果

任务 2 设置幻灯片背景

学习目标

1. 能叙述幻灯片背景的作用。
2. 能完成幻灯片背景的设置。

背景样式来自当前文档"主题"（见项目六任务 1，主题是主题颜色、主题字体和主题效果三者的组合，可以作为一套独立的选择方案应用于文件中）中主题颜色和背景亮度组合的背景填充变体。

更改文档主题时，背景样式会随之更改，以反映新的主题颜色和背景。

更改文档主题时，更改的不只是背景，同时也会更改颜色、标题和正文字体、线条和填充样式以及主题效果的集合。如果希望只更改演示文稿的背景，则应选择其他背景样式。

本任务的主要内容是通过幻灯片背景的设置，对上一任务的演示文稿做进一步的美化。

1. 应用背景样式

打开素材中名为"工匠精神（项目六）.pptx"的文件，单击"设计"选项卡下"变体"组右下侧的"其他"按钮，在弹出的下拉列表中选择"背景样式"，会看到图 6-6 所示的背景样式。

为了对背景有一个更直观的认识，本任务分别应用图 6-6 中背景样式下拉列表中的第三排四个样式。当应用了这些背景样式后，"示例幻灯片"变为图 6-7 所示的四种背景样式。

应注意的是，文字的颜色会随着选中的背景自动变化。很多投影仪在放映深色的背景和浅色的文字时所展示的效果更好，此时可以使用背景风格快速地转换幻灯片显示模式，以使其显示效果更好。

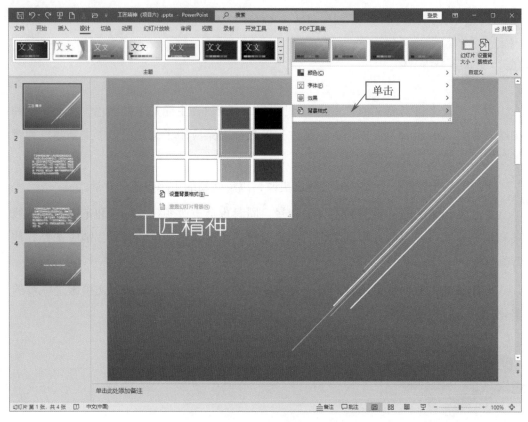

图 6-6 背景样式

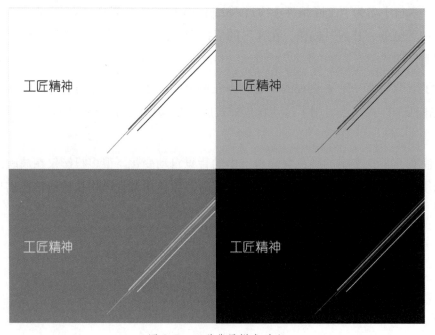

图 6-7 四种背景样式对比

2. 自定义背景样式

自定义背景样式就是通常所说的设置背景格式。设置背景格式有填充和图片两种方式。单击"设计"选项卡下"自定义"组中的"设置背景格式"按钮，如图 6-8 所示，弹出图 6-9 所示的"设置背景格式"窗格，单击"纹理"选项右侧的下三角按钮，选择合适的纹理。此处选择"紫色网格"的效果来填充第 2 页幻灯片。更改背景格式后的效果如图 6-10 所示。

图 6-8　设置背景格式

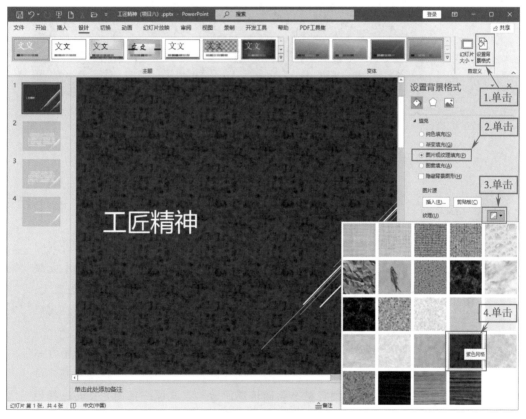

图 6-9　选择"紫色网格"纹理

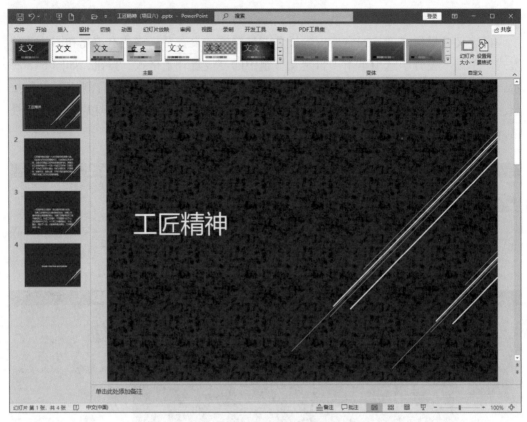

图 6-10　更改背景格式后的效果

技巧

在设置背景格式时，不选择"应用到全部"和选择"应用到全部"有什么不同呢？如果不选择"应用到全部"，则所选图片或纹理只对指定的一页幻灯片起作用，其他幻灯片的背景并不随之改变；如果选择"应用到全部"，则演示文稿中所有的幻灯片将全部应用所选图片或纹理作为背景。

用"纹理"和用"图片"填充又有什么不同呢？纹理中的图片一般都比较小，选择一种纹理后，纹理图片的大小不变，却按照顺序排列在背景中，直到将整个画面填满，看起来就像一张图片；而选择图片时，背景只有这一张图片，它会自动调整为幻灯片所需的大小。

任务 3 使用幻灯片母版

学习目标

1. 能叙述幻灯片母版的作用。
2. 能完成幻灯片母版的设置。

任务描述

在 PowerPoint 2021 中有三个母版，它们分别是幻灯片母版、讲义母版和备注母版，可用来制作统一标志和背景的内容，设置标题和主要文字的格式，包括文本的字体、字号、颜色和阴影等特殊效果，也就是说母版是为所有幻灯片设置默认版式和格式的。

幻灯片母版是模板的一部分，它存储的信息包括文本和对象在幻灯片上的放置位置、文本和对象占位符的大小、文本样式、背景、颜色主题、效果和动画。

如果将一个或多个幻灯片母版另存为单个模板文件（.potx），将生成一个可用于创建新演示文稿的模板。每个幻灯片母版都包含一个或多个标准或自定义的版式集。

本任务的主要内容是利用幻灯片母版，便捷地完成项目六任务 2 中演示文稿的进一步编辑。

实践操作

1. 进入幻灯片母版编辑状态

进入幻灯片母版编辑状态的操作如图 6-11 所示。

图 6-11 进入幻灯片母版编辑状态

2. 编辑母版

PowerPoint 2021 的母版设定分为"幻灯片母版""讲义母版""备注母版"三种，下面以"幻灯片母版"为例来学习如何编辑母版。

在幻灯片母版编辑状态下，选择仅标题版式页，如图 6-12 所示，插入图片，操作方法与项目五中插入图片相同，如图 6-13 所示。

单击"幻灯片母版"选项卡下"关闭"组中的"关闭母版视图"按钮，则页面会跳回"普通视图"，如图 6-14 所示。查看整个演示文稿会发现只有首页的标题页中有插入的图片，其他页均无变化。原因在于其他页的版式是"标题和内容"，首页的版式是"标题版式"，上面的操作是针对标题版式页的。

进入母版编辑状态，选择标题和内容版式页，然后插入相应的图片，如图 6-15 所示。

关闭母版编辑视图，查看幻灯片效果。可以发现从第 2 页开始到最后一页，每页都包含插入的图片，如图 6-16 所示。

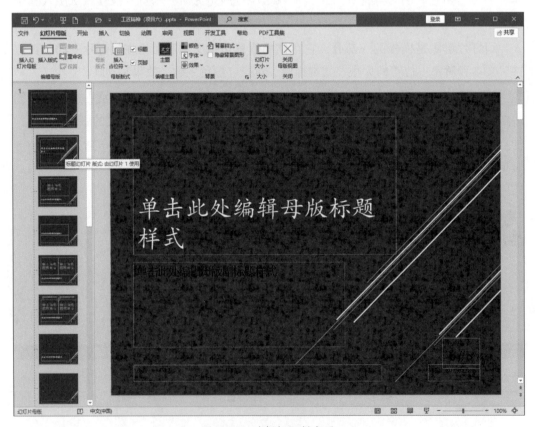

图 6-12 选择标题版式页

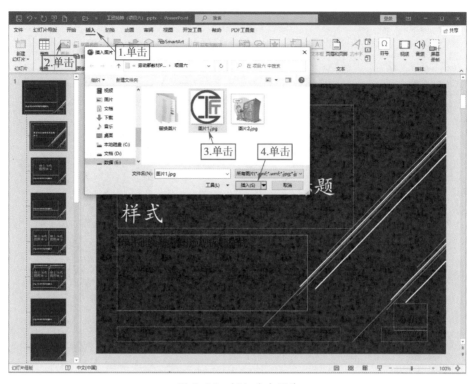

图 6-13　插入选中图片

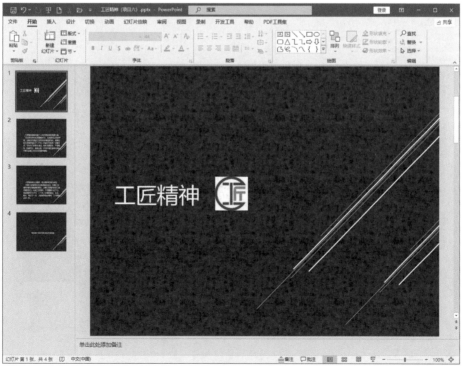

图 6-14　关闭母版视图后，页面变为普通视图

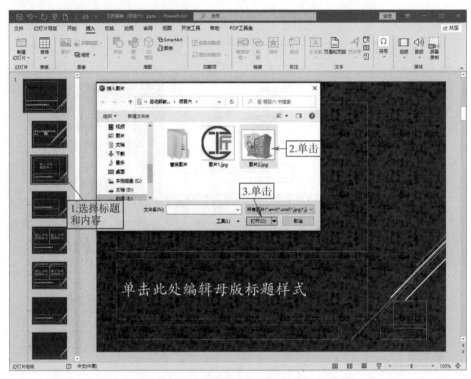

图 6-15　在标题和内容版式页中插入图片

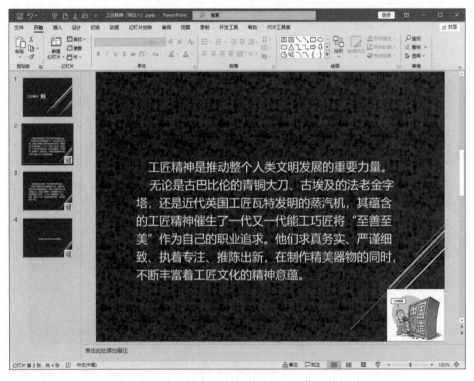

图 6-16　在标题和内容版式页插入图片后的效果

1. 以项目五中所做演示文稿为基础，尝试进行修饰，练习主题和背景的设置。

2. 以项目五中所做演示文稿为基础，在每一页中都添加一张公司图标图片。

项目七
使用 PowerPoint 2021 的表格和图表

任务　制作公司财务报表演示文稿

1. 能在 PowerPoint 2021 中插入表格。
2. 能完成表格的编辑操作。
3. 能在 PowerPoint 2021 中插入图表。
4. 能完成图表的编辑操作。

表格具有条理清晰、对比强烈等特点，在日常工作尤其是涉及财务的工作中经常会用到表格，演示文稿中也会使用表格表现数据信息。有时单一的表格不足以表现出数据的变化趋势，需要使用图表来直观地分析、表现数据的变化趋势。在演示文稿中，表格和图表的结合使用可使信息内容更具有说服力。

本任务的主要内容是制作一份公司财务报表，练习 PowerPoint 2021 中表格和图表的使用。

以下将制作一项基础工程的财务报表演示文稿，表 7-1 所列为报表所要用到的数

据信息。

表 7-1 报表所要用到的数据信息

项目 名称	合同 编号	合同 总额	累计 已付款	预计本期 工程付款 总额	预计本期工程付款			备注
					上旬	中旬	下旬	
车间	2-1	6 162	2 544	3 618	1 252	1 021	1 345	
办公楼	2-2	8 427	2 424	6 003	1 237	2 154	2 612	
研发室	2-3	4 709	1 163	3 546	1 352	1 140	1 054	
外务部	2-4	7 682	1 864	5 818	1 623	1 654	2 541	
审核：				制表：				

1. 输入文本、插入图片

新建一页空白幻灯片，在标题栏中输入相应的内容，如图 7-1 所示。

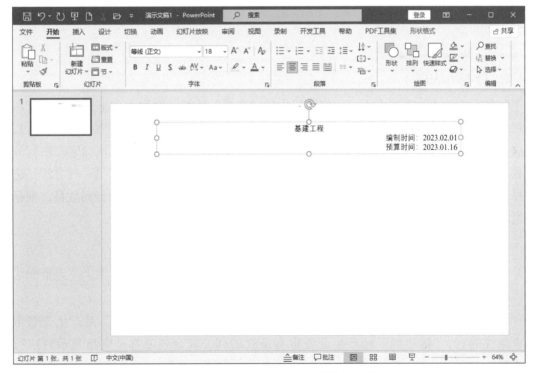

图 7-1 新建一页空白幻灯片并输入内容

为了使幻灯片更美观，此处插入一张图片，如图 7-2 所示。

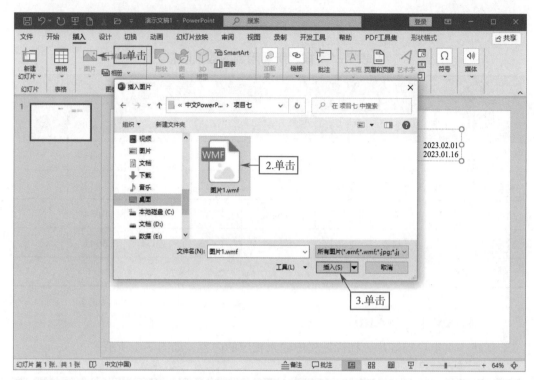

图 7-2　插入一张图片

2. 插入和编辑表格

（1）插入表格

单击"插入"选项卡下"表格"组中的"表格"按钮，在弹出的下拉列表中有四种新建表格的方法，"绘制表格"和插入"Excel 电子表格"在 Word 2021 中已学过，这里不再介绍。本任务只介绍前两种方法：一种是通过鼠标拖动单元块确定表格行列数目，如图 7-3 所示（这种方法适用于插入 10 行 10 列以内的表格）；另一种方法是选择"插入表格"，再在弹出的"插入表格"对话框中输入要建立表格的行列数目，根据报表内容，设定列数为 10、行数为 6，如图 7-4 和图 7-5 所示。

（2）设置表格样式

通过上述方法插入的表格如图 7-6 所示，此时在"表设计"选项卡下"表格样式选项"组中"标题行""镶边行"复选框已经默认选中。

图 7-6 中方框内"表格样式选项"中各项的作用如下："镶边行"是产生交替带有条纹的行，"镶边列"是产生交替带有条纹的列，其余各项都是突出显示对应行或列。

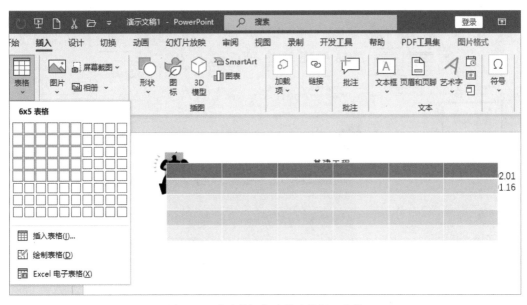

图 7-3 通过鼠标拖动单元块插入表格

图 7-4 通过"插入表格"对话框
插入表格——步骤 1

图 7-5 通过"插入表格"对话框
插入表格——步骤 2

此处单击取消"镶边行",单击选中"最后一列"和"镶边列"复选框,修改后表格的效果如图 7-7 所示。

单击"表设计"选项卡下"表格样式"组中的"中度样式 2- 强调 2"样式,即可改变表格的背景颜色,如图 7-8 所示。与前面任务中自定义主题类似,这里的样式也可以自定义,操作方法相同,此处不再介绍。

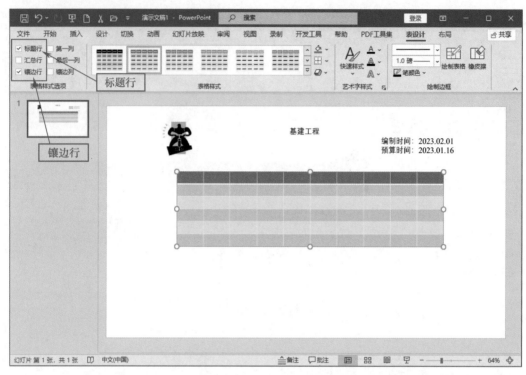

图 7-6　已插入表格的效果图

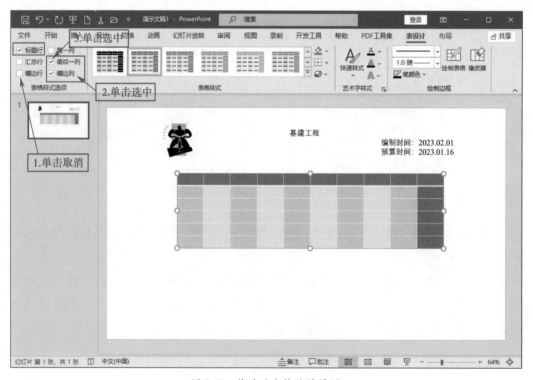

图 7-7　修改后表格的效果图

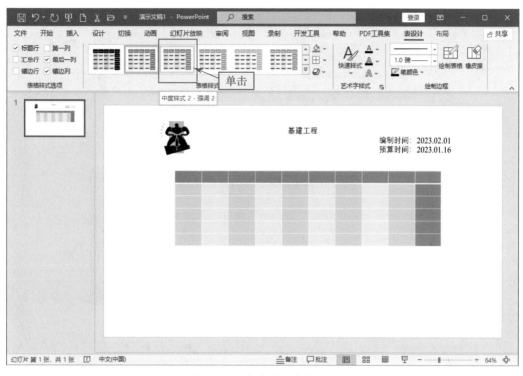

图 7-8　改变表格的背景颜色

（3）设置表格大小

可通过"布局"选项卡下"表格尺寸"组中的高度和宽度设定来改变表格的大小，也可以用鼠标拖动的方式改变其大小。此处应首先增加表格高度，单击"高度"框右侧的上三角按钮微调，如图 7-9 所示，若改动较大可直接编辑输入合适的数值，直到满足整体布局为止。

图 7-9　设置表格高度

单击"宽度"框右侧的上三角按钮，增加表格宽度，如图 7-10 所示。完成后单击选中表格，将其拖动到合适的位置。

（4）合并单元格与拆分单元格

选中要合并的单元格，单击"布局"选项卡下"合并"组中的"合并单元格"按钮即可合并单元格，如图 7-11 所示。完成后的表格效果如图 7-12 所示。

图 7-10　设置表格宽度

选中上述合并好的单元格，单击"布局"选项卡下"合并"组中的"拆分单元格"按钮，在弹出的"拆分单元格"对话框中输入列数为 1、行数为 2，如图 7-13 所示。

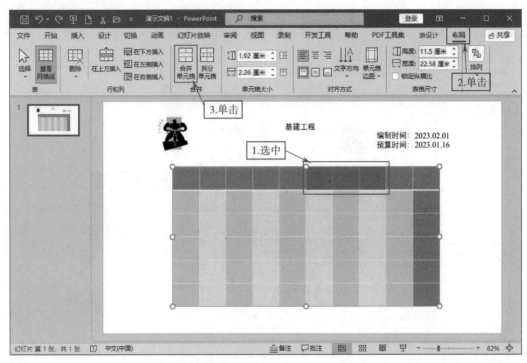

图 7-11　合并单元格

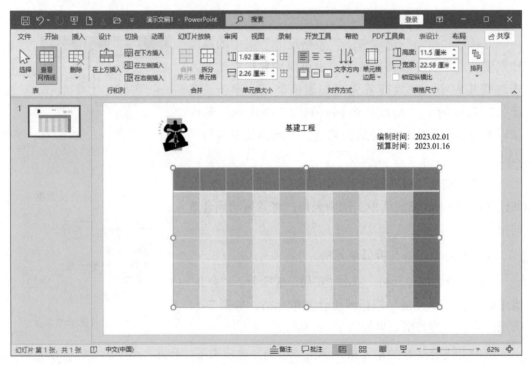

图 7-12　单元格合并后的效果

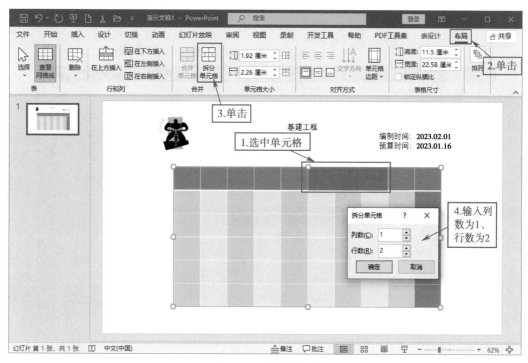

图 7-13　拆分单元格

单元格拆分后的效果如图 7-14 所示。

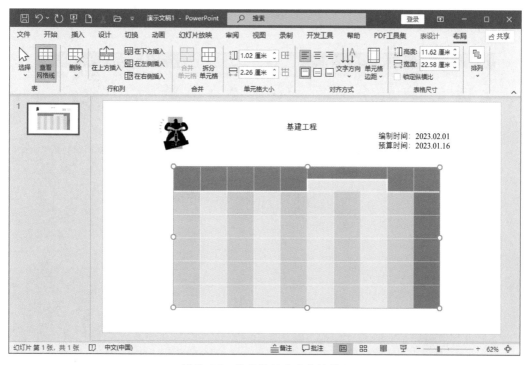

图 7-14　单元格拆分后的效果 1

继续将图 7-14 中光标所在的单元格进行拆分，在弹出的对话框中输入列数为 3、行数为 1。完成后的效果如图 7-15 所示。

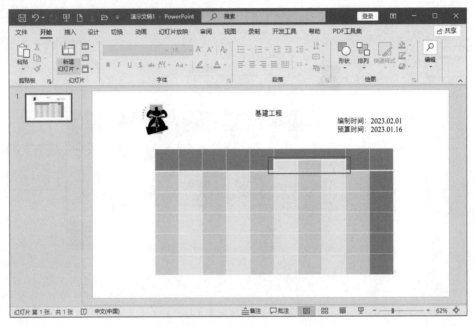

图 7-15　单元格拆分后的效果 2

将图 7-16 中选中的最后一行前 5 个单元格进行合并，同时合并同行的另外 5 个单元格。完成后的效果如图 7-17 所示。

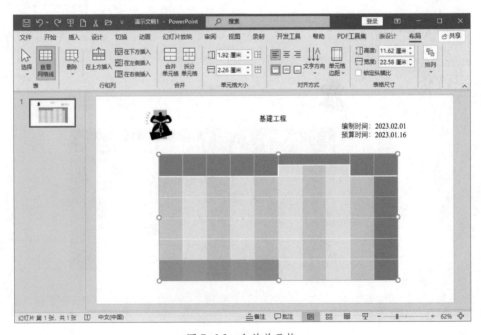

图 7-16　合并单元格

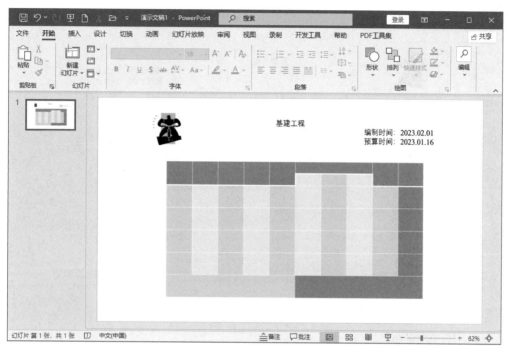

图 7-17　单元格合并后的效果

　　合并后的右下角单元格与最后一列颜色一样深。为了兼顾整体效果，此处需要改变底色。单击"表设计"选项卡下"表格样式"组中的"底纹"按钮，在弹出的下拉列表中选择与整体颜色相似的颜色即可（可使用取色器选取），如图 7-18 所示。

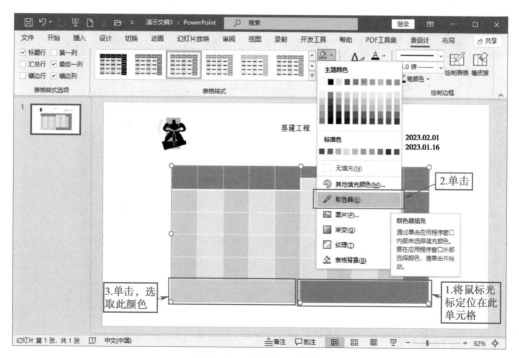

图 7-18　设置单元格底纹

在表格中输入相应的数据内容。完成后的效果如图7-19所示。

图 7-19　在表格中输入数据

（5）修改表格布局

选中最后一行，单击"布局"选项卡下"单元格大小"组中的"高度"框右侧的下三角按钮微调，减小其值（降低高度），如图7-20所示。宽度的设置方法与高度类似。

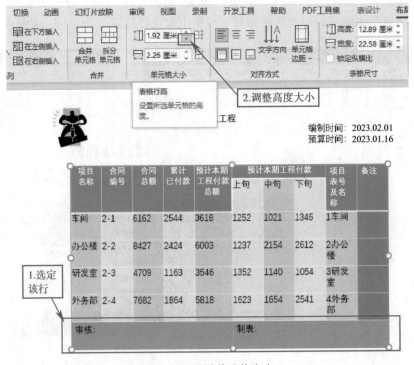

图 7-20　设置单元格大小

选中表格中的所有数据，单击"布局"选项卡下"对齐方式"组中的"垂直居中"按钮，然后再选择"对齐方式"组中的"居中"按钮，完成后的效果如图 7-21 所示。

项目名称	合同编号	合同总额	累计已付款	预计本期工程付款总额	预计本期工程付款			项目表号及名称	备注
					上旬	中旬	下旬		
车间	2-1	6162	2544	3618	1252	1021	1345	1车间	
办公楼	2-2	8427	2424	6003	1237	2154	2612	2办公楼	
研发室	2-3	4709	1163	3546	1352	1140	1054	3研发室	
外务部	2-4	7682	1864	5818	1623	1654	2541	4外务部	
审核						制表			

基建工程　编制时间：2023.02.01　预算时间：2023.01.16

图 7-21　调整对齐方式后的效果

再次选中表格中的所有数据，单击"表设计"选项卡下"表格样式"组中的"边框"按钮，在弹出的下拉列表中选择"无框线"（默认值是"所有框线"），如图 7-22 所示。完成后的效果如图 7-23 所示。

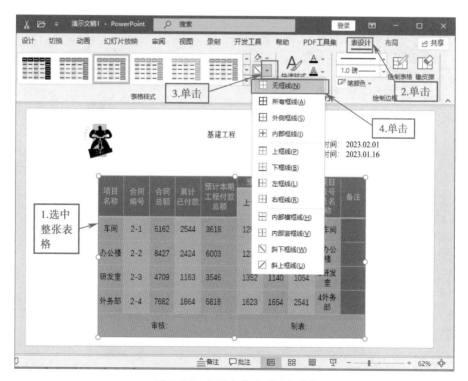

图 7-22　设置表格为"无框线"

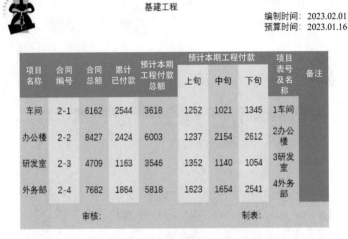

图 7-23　去掉框线后所得的表格效果

　　仔细观察图 7-23 可发现，倒数第 2 列内容与第 1 列内容雷同，可将其删除。选中倒数第 2 列，单击"布局"选项卡下"行和列"组中的"删除"按钮，在弹出的下拉列表中单击"删除列"即可将此列删除，如图 7-24 所示。

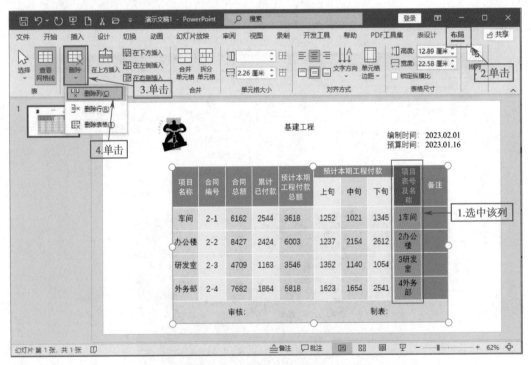

图 7-24　删除表格中的列

　　所有操作完成后即得到最终表格，如图 7-25 所示。

基建工程

编制时间：2023.02.01
预算时间：2023.01.16

项目名称	合同编号	合同总额	累计已付款	预计本期工程付款总额	预计本期工程付款			备注
					上旬	中旬	下旬	
车间	2-1	6162	2544	3618	1252	1021	1345	
办公楼	2-2	8427	2424	6003	1237	2154	2612	
研发室	2-3	4709	1163	3546	1352	1140	1054	
外务部	2-4	7682	1864	5818	1623	1654	2541	
		审核：				制表：		

图 7-25　最终表格效果

3. 插入与编辑图表

（1）插入与编辑柱形图

新建一页幻灯片，输入图 7-26 所示的相应内容。单击"插入"选项卡下"插图"组中的"图表"按钮（见图 7-26），在弹出的"插入图表"对话框中选择"柱形图"，继续选择"簇状柱形图"，单击"确定"按钮，如图 7-27 所示。

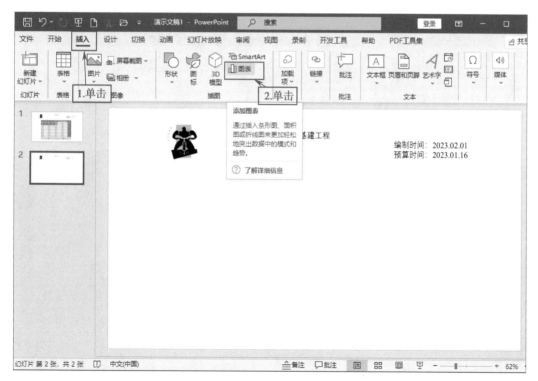

图 7-26　插入"图表"

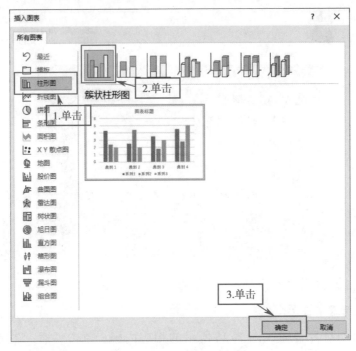

图 7-27 插入"簇状柱形图"

插入"簇状柱形图"后，会弹出图 7-28 所示的界面。

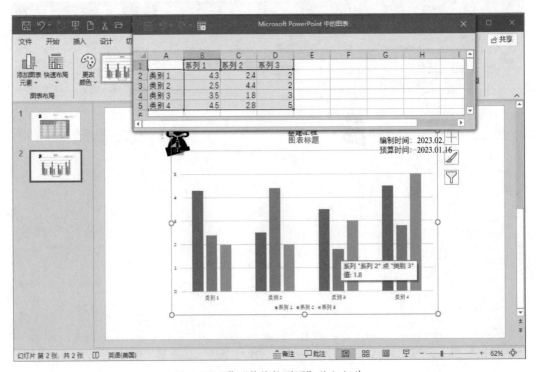

图 7-28 带"簇状柱形图"的幻灯片

根据"预计本期工程付款"来作图，数据见表7-1。在图7-28所示上方的 Excel 表格中输入相应数据，则下方图表自动转换为与输入数据相对应的图表，如图7-29所示。完成后关闭上方的 Excel 窗口。

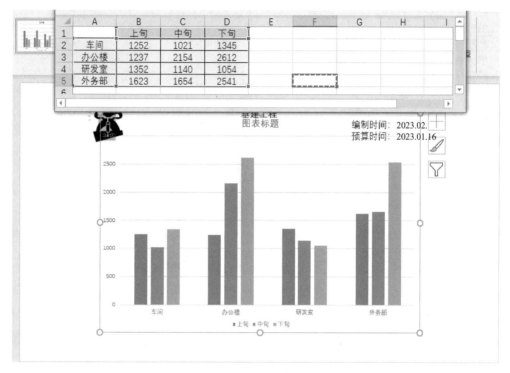

图 7-29　输入数据

给图表添加相应的标题时，单击"图表设计"选项卡下"图表布局"组中的"添加图表元素"按钮，在弹出的下拉列表中选择"图表标题"，再选择"图表上方"，如图7-30所示，并将所见"图表标题"改成"预计本期工程付款"即可。

对图表进行标注时，可单击"图表设计"选项卡下"图表布局"组中的"添加图表元素"按钮，在弹出的下拉列表中选择"数据标签"，再选择"数据标签外"，即可得到图7-31所示的图表。

还可以将数据表格与图表一起表现在幻灯片中。此时需单击"图表设计"选项卡下"图表布局"组中的"添加图表元素"按钮，在弹出的下拉列表中选择"数据表"，再选择"显示图例项标示"即可，如图7-32所示。

（2）插入与编辑饼图

与插入"柱形图"的方法类似，新建一页幻灯片并输入相应内容。单击"插入"选项卡下"插图"组中的"图表"按钮，在弹出的"插入图表"对话框中选择"饼图"，继续选择"三维饼图"，单击"确定"按钮，如图7-33所示。

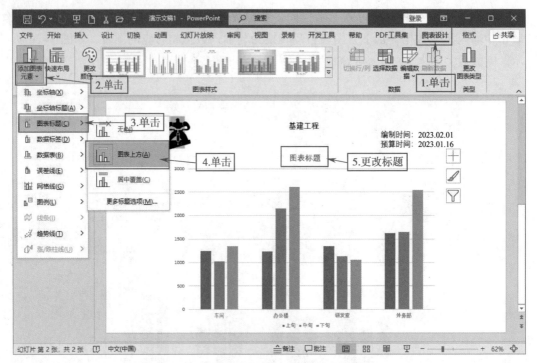

图 7-30　给图表添加相应的标题

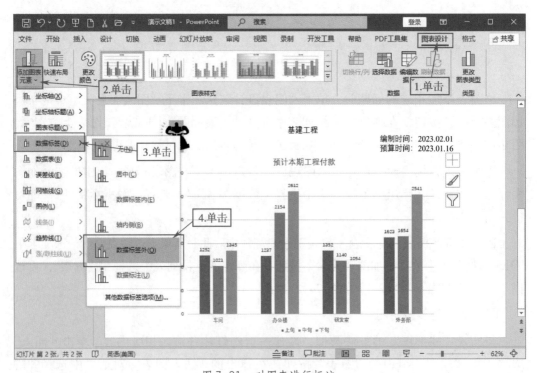

图 7-31　对图表进行标注

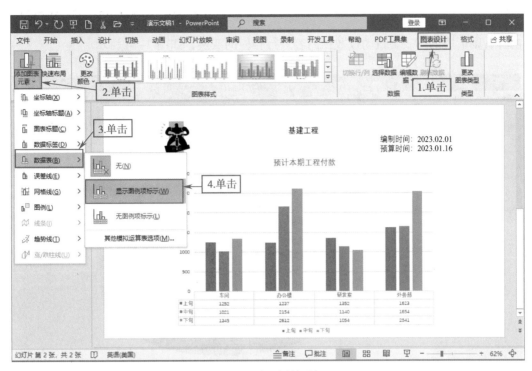

图 7-32 显示图例项标示

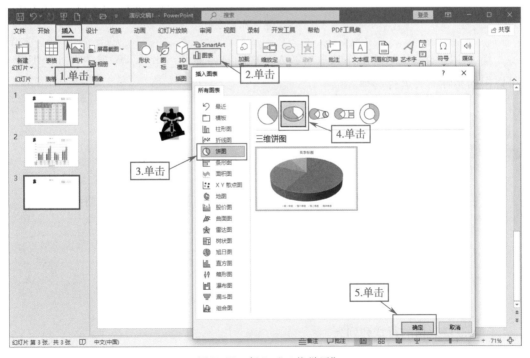

图 7-33 插入"三维饼图"

以研发室的预计本期工程付款为例，在图 7-34 所示的 Excel 表格中输入相应数据内容，则下边的图表会自动按数据内容进行相应的变换，如图 7-34 所示。

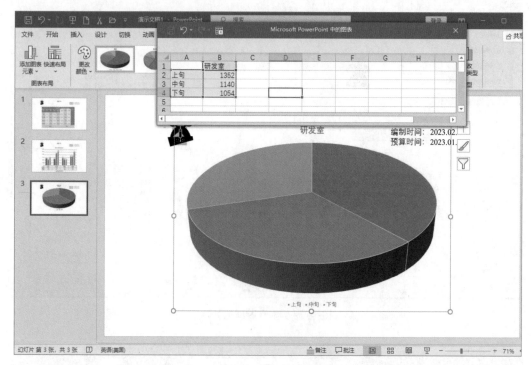

图 7-34 输入相应数据

插入饼图的其他相应操作基本与插入柱形图是一样的。当然，图表还有其他类型，可以根据实际需要进行选择。

1. 在新建的演示文稿中插入一个 5 行 5 列的表格，然后进行以下表格编辑操作：

（1）在表格中插入行和列。

（2）在表格中删除行和列。

（3）将一个单元格拆分成几个单元格。

（4）将几个单元格合并成一个单元格。

（5）改变表格的行宽和列高。

2. 表格中的文本对齐方式有几种？如何改变表格中的文字方向和设置文本对齐方式？

3. 练习修改幻灯片中图表的内容和格式。

（1）更改和删除图表中的数据。

（2）改变图表中的数据序列、图表类型和标题。

（3）尝试制作一个公司的财务报表（也可以直接采用表 7-1 中所列的数据）。

项目八
PowerPoint 2021 多媒体支持功能

任务　制作有声演示文稿

1. 能在 PowerPoint 2021 中插入视频。
2. 能在 PowerPoint 2021 中插入声音。

在使用 PowerPoint 2021 做演示和交流时，只用文字、图片表达信息有时显得过于单调，如果在演示文稿中合理地利用声音、视频和动画，将会给观众带来全方位的感受，使演示和交流更有成效。

本任务的主要内容是利用音频和视频素材，制作一个介绍大国工匠的有声演示文稿。

1. 插入声音

（1）从文件中添加声音

选择要添加声音的幻灯片，单击"插入"选项卡下"媒体"组中的"音频"按钮，在弹出的菜单中选择"PC上的音频"，弹出"插入音频"对话框，如图 8-1 所示，选择要插入的声音文件，双击即可，如图 8-2 所示。也可先单击选中要插入的声音文件，然后单击"插入"按钮。

图 8-1 插入声音——步骤 1

图 8-2 插入声音——步骤 2

PowerPoint 2021 不支持所有的音频格式，所以在幻灯片中插入音频文件时，首先需要了解它支持的音频文件的格式，主要有 .aac、.aiff、.au、.mid、.mp3、.m4a、.mp4、.wav、.wma 格式的文件，应确保插入的音频是这些格式。

（2）设置声音效果

单击插入声音后的声音图标"🔊"，然后单击"播放"选项卡，可以设置各种声音效果，如图 8-3 所示。

1）预览声音。在"播放"选项卡下"预览"组中单击"播放"按钮即可预览声音，如图 8-4 所示。也可以通过双击声音图标下方的控制条来预览。

2）设置声音大小。在"播放"选项卡下"音频选项"组中单击"音量"按钮，在弹出的下拉列表中选择音量的高、中等、低或静音，勾选即生效，如图 8-5 所示。

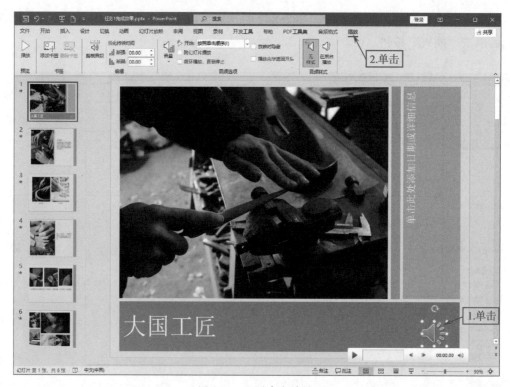

图 8-3　设置声音效果

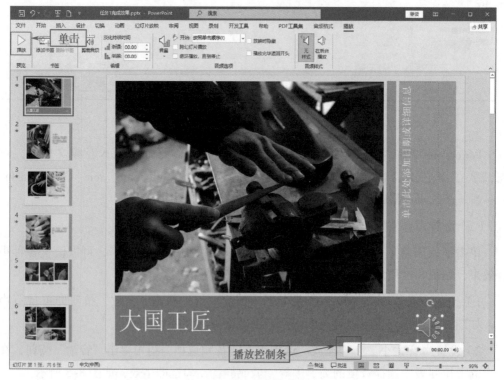

图 8-4　预览声音

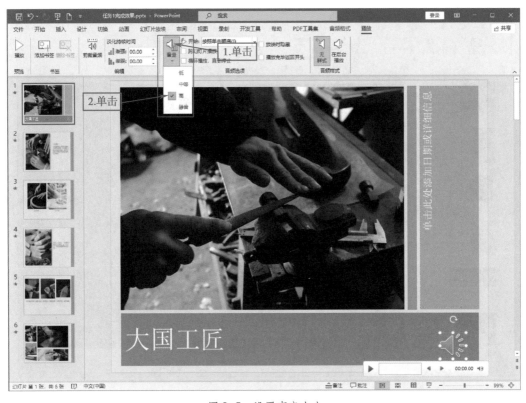

图 8-5　设置声音大小

3）隐藏声音图标。隐藏声音图标后，在播放该页幻灯片时，单击该页幻灯片的任意位置都可以播放该音频，如图 8-6 所示。

4）循环播放。在"播放"选项卡下"音频选项"组中勾选"循环播放，直到停止"复选框，可以设置循环播放声音，勾选即生效。选择循环播放后，在放映幻灯片时，声音将连续播放，直到转到下一页幻灯片为止，如图 8-7 所示。

5）设置自动播放或在单击时播放。单击"播放"选项卡下"音频选项"组中"开始"框右侧的下三角按钮，可以设置幻灯片放映时是"自动"播放还是"单击时"播放，此处选择"单击时"播放，如图 8-8 所示。

6）设置声音跨幻灯片播放

①单击插入声音后的声音图标"🔊"，在"播放"选项卡下"音频选项"组中勾选"跨幻灯片播放"复选框，如图 8-9 所示。

②单击"动画"选项卡下"高级动画"组中的"动画窗格"按钮，在"动画窗格"中单击列表中所选声音右侧的下三角按钮，然后单击"效果选项"，如图 8-10 所示，弹出"播放音频"对话框。

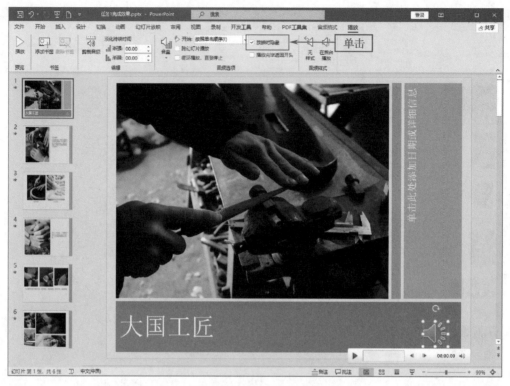

图 8-6　隐藏声音图标

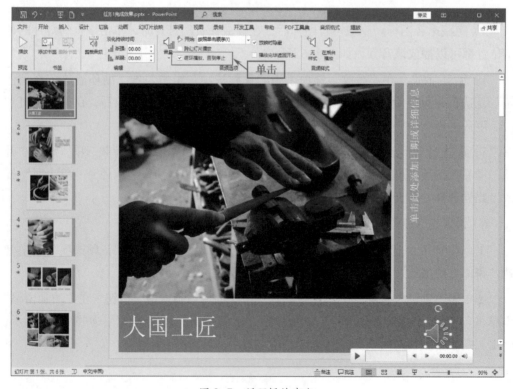

图 8-7　循环播放声音

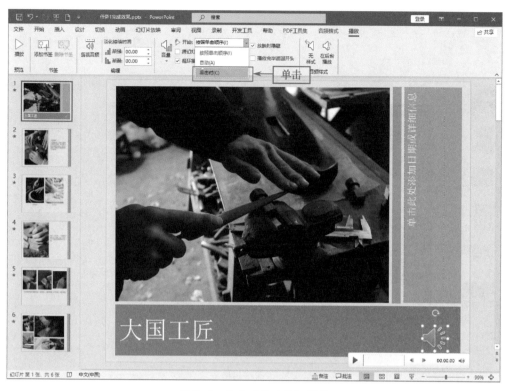

图 8-8 设置"单击时"播放

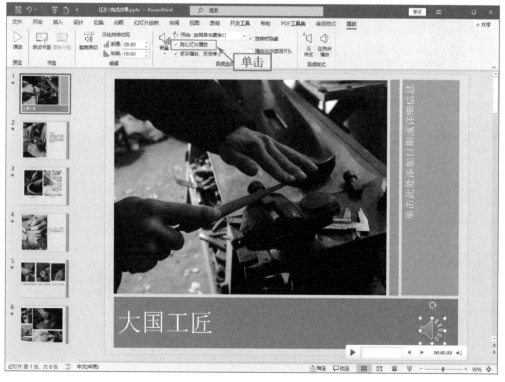

图 8-9 设置声音跨幻灯片播放——步骤 1

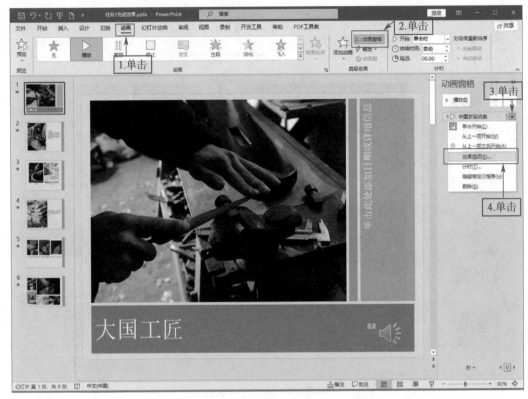

图 8-10　设置声音跨幻灯片播放——步骤 2

③在对话框的"效果"选项卡中"停止播放"选项组输入应在其上播放该文件的幻灯片总数，单击"确定"按钮即可，如图 8-11 所示。

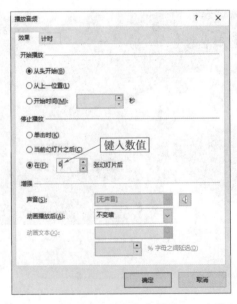

图 8-11　设置声音跨幻灯片播放——步骤 3

7）剪裁音频。"剪裁音频"用来设置播放插入声音的某个片段，单击"播放"选项卡下"编辑"组中的"剪裁音频"按钮，弹出"剪裁音频"对话框，用鼠标指针拖动播放控制条设置开始时间和结束时间，也可以在播放控制条下方的文本框中输入开始时间和结束时间，如图 8-12 所示。

图 8-12　剪裁音频

（3）设置声音图标格式

可以通过在"音频格式"选项卡下"大小"组中键入高度和宽度来改变声音图标的大小，如图 8-13 所示。也可以通过鼠标拖动手柄来实现。其他设置图标格式如"排列"组中的"上移一层""下移一层""对齐"等，其调整方法与图形调整基本类似，这里不再介绍。

（4）删除声音

单击声音图标"🔊"，然后按 Delete 键，如图 8-14 所示，即可删除这段声音。

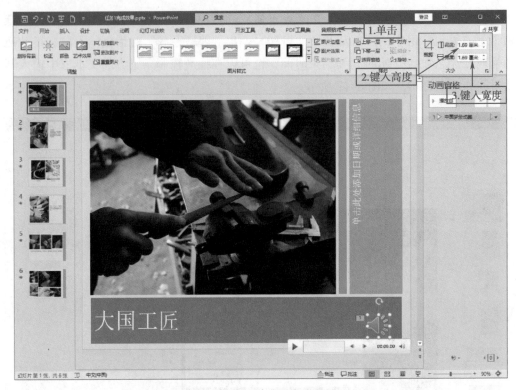

图 8-13　设置声音图标的大小

图 8-14　删除声音

2. 插入视频

（1）从文件中添加视频

选择要添加视频的幻灯片，单击"插入"选项卡下"媒体"组中的"视频"按钮，选择插入视频自"此设备"，如图 8-15 所示。

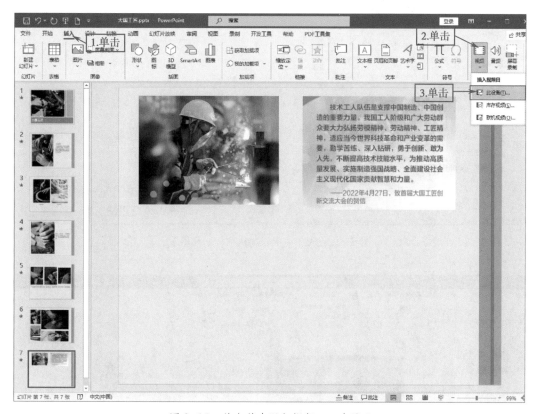

图 8-15　从文件中添加视频——步骤 1

在弹出的"插入视频文件"对话框中找到要插入的视频文件，双击文件，视频即插入到幻灯片中，如图 8-16 所示。插入后可用鼠标拖动来调整视频图标的位置和大小。

PowerPoint 2021 支持的视频格式有 .asf、.avi、.mov、.mp4、.m4v、.mpg、.mpeg、.swf、.wmv。在日常工作和生活中遇到 PowerPoint 2021 不支持的其他类型文件格式，则可以通过使用特定视频转码的实用工具进行文件类型的转换，使之成为 PowerPoint 2021 支持的文件格式。

（2）设置视频效果

设置视频效果的操作方法与设置声音效果的操作方法类似。

单击插入视频后的视频图标，可以通过鼠标拖动设置视频图标的位置，如图 8-17 所示。

图 8-16　从文件中添加视频——步骤 2

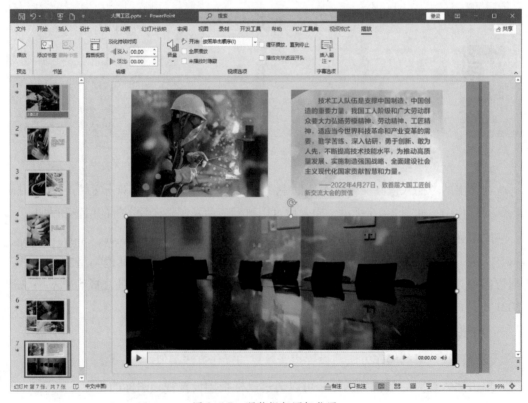

图 8-17　调整视频图标位置

1）预览视频。单击"播放"选项卡下"预览"组中的"播放"按钮即可预览视频，如图8-18所示。也可以通过单击播放控制条中的 ▶ 来预览，操作与前面的预览声音相同。

图 8-18　预览视频

2）设置"视频选项"

①设置视频播放音量。单击"播放"选项卡下"视频选项"组中的"音量"按钮，在弹出的下拉列表中选择音量的高、中等、低或静音，勾选即生效，如图8-19所示。

②设置视频是"自动"播放或是"单击时"播放。单击"播放"选项卡下"视频选项"组中的"开始"框右侧的下三角按钮，可以设置幻灯片放映时是"自动"播放还是"单击时"播放，此处选择"单击时"播放，如图8-20所示。

图 8-19　设置视频播放音量

图 8-20　设置视频是"自动"播放还是"单击时"播放

③隐藏视频图标。在"播放"选项卡下"视频选项"组中勾选"未播放时隐藏"复选框可以设置隐藏视频图标，勾选即生效，如图 8-21 所示。与声音类似，只有将视频设置为自动播放或创建了其他类型的控件（单击该控件可以播放视频，如触发器）时，才可以使用该选项。

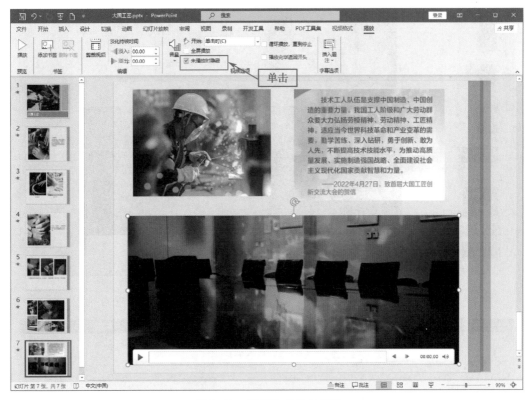

图 8-21　设置隐藏视频图标

④设置全屏播放。在"播放"选项卡下"视频选项"组中勾选"全屏播放"复选框可以设置全屏播放视频，勾选即生效，如图 8-22 所示。注意，全屏播放时可通过播放控制条操控，直到播放完毕。

⑤设置循环播放。在"播放"选项卡下"视频选项"组中勾选"循环播放，直到停止"复选框可以设置循环播放，勾选即生效，如图 8-23 所示。循环播放时，视频将连续播放，直到转到下一页幻灯片为止。

⑥设置视频播放完毕返回开头。在"播放"选项卡下"视频选项"组中勾选"播放完毕返回开头"复选框可以设置视频播放完毕返回开头，勾选即生效，如图 8-24 所示。

设置视频图标格式的操作与设置声音图标格式的操作相同，此处不再介绍。

3）删除视频。单击视频图标，然后按 Delete 键，如图 8-25 所示，即可删除视频。

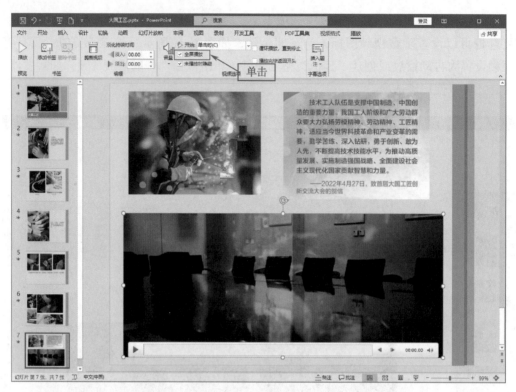

图 8-22 设置全屏播放

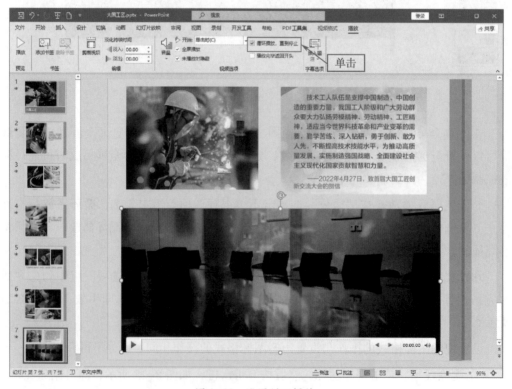

图 8-23 设置循环播放

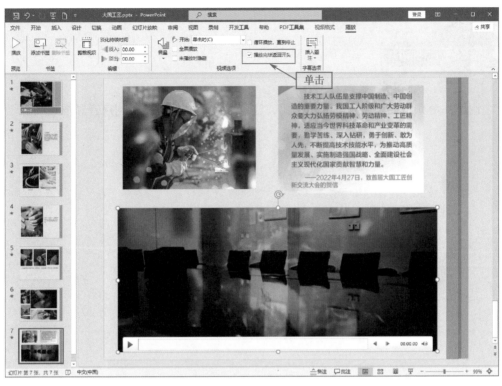

图 8-24　设置视频播放完毕返回开头

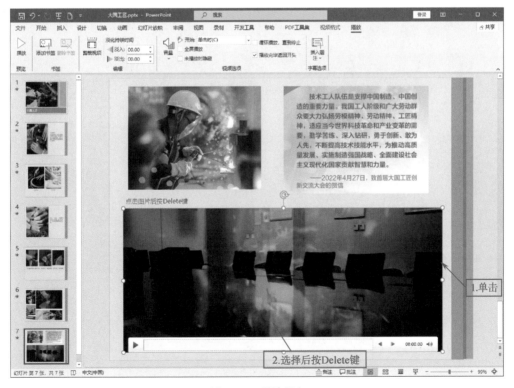

图 8-25　删除视频

制作一个介绍北京风景的演示文稿，注意在演示文稿中要用到声音和视频文件。

项目九
PowerPoint 2021 超链接和动画效果制作

任务　制作动画演示文稿

1. 能在 PowerPoint 2021 演示文稿中熟练使用超链接。
2. 能设置 PowerPoint 2021 演示文稿的动画效果。

在 PowerPoint 2021 中，超链接是从一页幻灯片到同一演示文稿中的另一页幻灯片的连接，或是从一页幻灯片到不同演示文稿中的另一页幻灯片、电子邮件地址、网页或文件的连接。当鼠标指针指到超链接处时，会变成一只小手的形状，单击时就会跳转或连接到相应的资料。

有时为了加强幻灯片的视觉效果，增加幻灯片的趣味性，使幻灯片中的信息更具活力，可以给幻灯片添加一些动画效果。可以这样说，只要是幻灯片中可以活动的对象（如能被鼠标选中并拖动的文字、图片、图形以及幻灯片整页等），都可以对其设置动画效果。

本任务的主要内容是对一个已初步完成的演示文稿进行幻灯片切换效果、文本及对象动画效果的设置，并在其中插入必要的超链接。

1. 设置、更改与删除幻灯片切换效果

（1）设置幻灯片切换效果

打开项目九素材中的"花卉养护.pptx"，单击选择一页幻灯片（此处选择第1页），单击"切换"选项卡，在"切换到此幻灯片"组中选择一种切换效果即可，如图 9-1 所示。还可以给该页幻灯片设置"切换声音""切换速度""切换方式"。另外，如果需要将所设置的效果应用到所有幻灯片，则需单击"应用到全部"，否则所设置的效果只会用于所选的那页幻灯片（第1页幻灯片）。

图 9-1　设置幻灯片切换效果

（2）更改幻灯片切换效果

更改幻灯片切换效果，其实就是重新设置不同的切换效果，其操作与设置切换效果完全相同，这里不再介绍。

（3）删除幻灯片切换效果

删除幻灯片切换效果即将切换效果设为"无"。

2. 为对象添加动画效果

（1）为对象添加"进入"动画效果

依次进行如下操作：单击选择第 1 页幻灯片，选中页面上部的文本"花卉养护"，单击"动画"选项卡下"动画"组右下侧的"其他"按钮，在弹出的下拉列表中选择"进入"选项组中的"飞入"，即可为文本"花卉养护"设置"飞入"的进入效果，如图 9-2 所示。为图片或其他对象添加"进入"动画效果操作与此处相同。

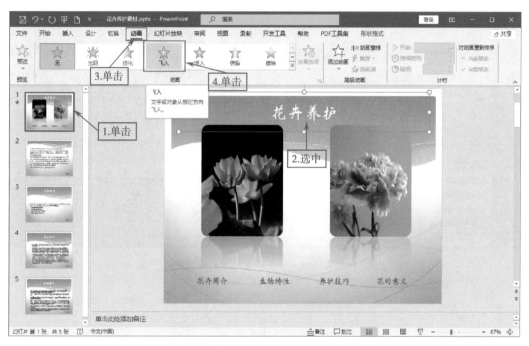

图 9-2　为对象添加"进入"动画效果

（2）为对象添加"强调"动画效果或"退出"动画效果

操作与添加"进入"动画效果类似。

（3）为对象添加"动作路径"动画效果

依次进行如下操作：单击选择第 1 页幻灯片，选中页面右下角的文本"花卉养护"，单击"动画"选项卡下"动画"组右下侧的"其他"按钮，在弹出的下拉列表中选择"其他动作路径"（见图 9-3），弹出"更改动作路径"对话框（见图 9-4），选择"特殊"选项组中的"圆角正方形"，即可见已添加了圆角正方形的动作路径。注意选中"预览效果"复选框进行预览。也可以用鼠标拖动圆角正方形的形状控制手柄，将圆角正方形变为圆角长方形。

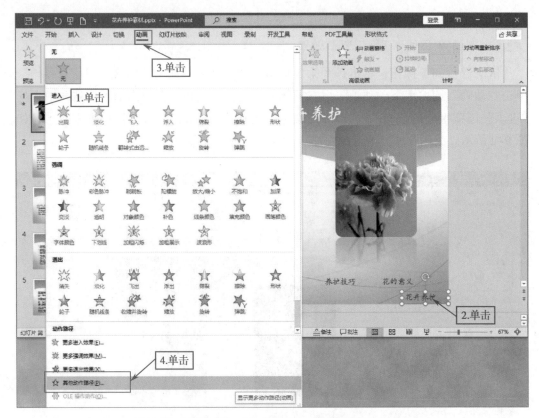

图 9-3　为对象添加"动作路径"动画效果——步骤 1

图 9-4　为对象添加"动作路径"动画效果——步骤 2

对于一页幻灯片中有多个对象，且这些对象都设置了动画的情况，一般来说，各对象按顺序播放，也可以对其顺序进行修改，简单的可通过"动画"选项卡下"计时"组中的"对动画重新排序"进行调整，复杂的则通过单击"动画"选项卡下"高级动画"组中的"动画窗格"按钮，在动画窗格中展开所有动画效果列表，手动排序，如图 9-5 所示。

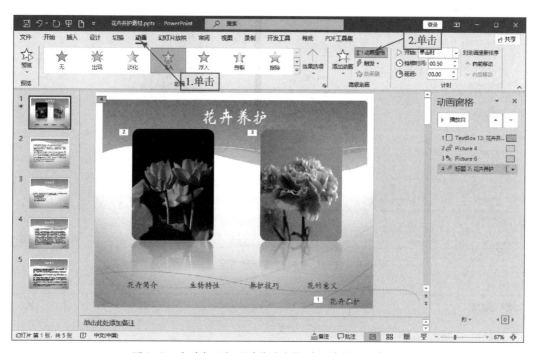

图 9-5　为对象添加"动作路径"动画效果——步骤 3

3. 设置对象的超链接动态效果

以"花卉简介"为例，制作超链接。选中文本"花卉简介"后单击鼠标右键，在弹出的快捷菜单中选择"超链接"，如图 9-6 所示。

在弹出的"插入超链接"对话框中选择"本文档中的位置"，单击选中"幻灯片 2"，再单击"确定"按钮即可，如图 9-7 所示。完成后的效果如图 9-8 所示。

用类似的方法，分别给"生物特性"等其他三处文本加上超链接。为了方便返回，在除第 1 页外的其他各页里都设置一个返回到第 1 页的链接。完成后的效果如图 9-9 所示。

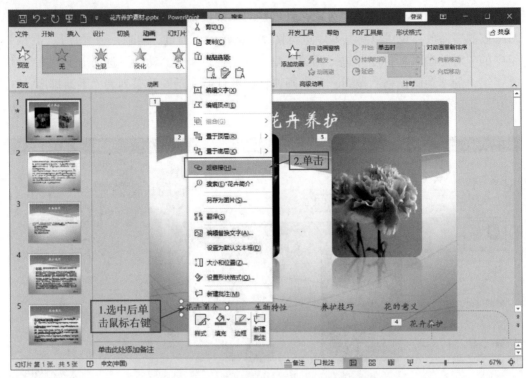

图 9-6 设置对象的超链接动态效果——步骤 1

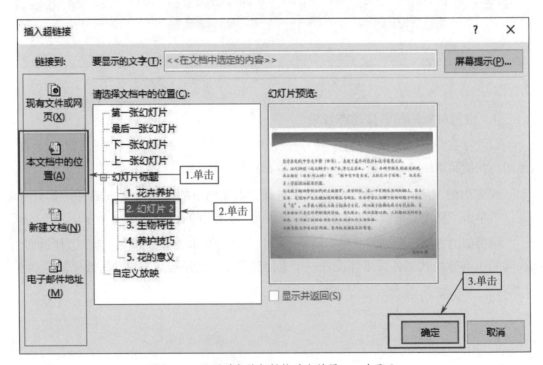

图 9-7 设置对象的超链接动态效果——步骤 2

图 9-8　设置对象的超链接动态效果图

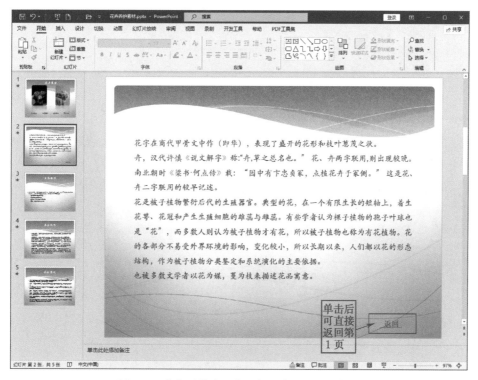

图 9-9　在每页的右下角添加一个"返回"链接

放映时，可在第 1 页单击链接，直接跳转到相应链接页，如果要返回第 1 页，则单击"返回"链接即可。

1. 打开文件名为"中国四大传统节日 .txt"的文件，制作一个演示文稿，要求以节日名称为目录，并制作相应的超链接，链接到含有相应节日内容的演示文稿，将完成后的演示文稿另存，命名为"中国四大传统节日（含链接）.pptx"。

2. 打开第 1 题中另存的"中国四大传统节日（含链接）.pptx"，为演示文稿设置统一的幻灯片切换效果。要求：

（1）采用向右"悬挂"切换效果。

（2）1 min 自动切换，或单击切换。

（3）切换时发出风铃的声音。

项目十
放映演示文稿

任务　设置演示文稿的放映方式

1. 能放映演示文稿。
2. 能设置演示文稿的放映方式。
3. 能完成旁白的录制和编辑。
4. 能使用排练计时功能。

演示文稿做好后，下一步就是对演示文稿进行播放和展示。

在排练放映演示文稿时，软件会自动记录下每页幻灯片的放映时间以及整个演示文稿的播放时间，这样以后在放映幻灯片时就可以自动以此排练时间进行切换。

放映幻灯片时，为了便于观众理解，一般演示者会同时进行讲解，但有时演示者不能到场或想自动放映演示文稿，此时可以使用录制旁白功能。

本任务的主要内容是设置一个知识测验节目的幻灯片放映，练习幻灯片放映的相关操作方法和技巧。

1. 启动幻灯片放映

（1）从头开始放映幻灯片

演示文稿制作完成后，可以采用多种放映方式，最常用的一种是从头开始放映。打开素材中的"知识测验节目.pptx"，单击"幻灯片放映"选项卡下"开始放映幻灯片"组中的"从头开始"按钮，可实现幻灯片从头开始放映（见图 10-1），放映时单击鼠标即可切换到下一页。

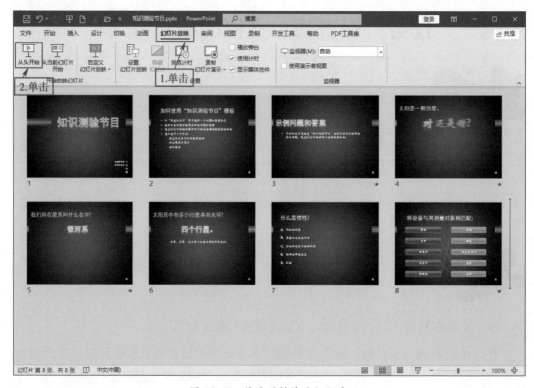

图 10-1　从头开始放映幻灯片

（2）从当前幻灯片开始放映

将上一操作中的单击"从头开始"按钮改为单击"从当前幻灯片开始"按钮即可。

（3）自定义幻灯片放映

单击"幻灯片放映"选项卡下"开始放映幻灯片"组中的"自定义幻灯片放映"按钮，在弹出的下拉列表中选择"自定义放映"（见图 10-2），弹出"自定义放映"对话框。在"自定义放映"对话框中单击"新建"按钮，弹出"定义自定义放映"对话框

（见图 10-3），可设定幻灯片放映名称，此处不做修改，使用默认名称"自定义放映 1"。

图 10-2　自定义幻灯片放映——步骤 1

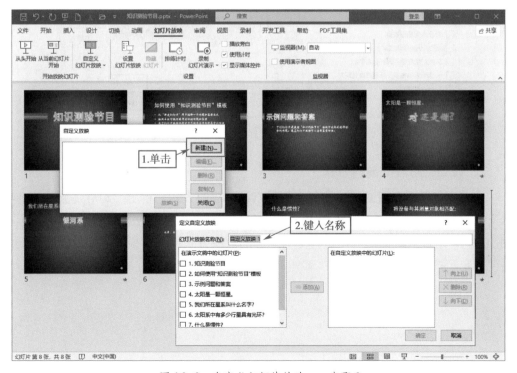

图 10-3　自定义幻灯片放映——步骤 2

选中需要放映的幻灯片，并将其添加进自定义放映中。单击选中一页需要播放的幻灯片，再单击"添加"按钮即可，如图 10-4 所示。重复操作可添加多页。

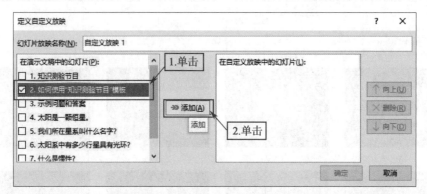

图 10-4 自定义幻灯片放映——步骤 3

若要删除某页已经添加的幻灯片，如图 10-5 所示，单击选中一页已经添加但现在需要删除的幻灯片，单击"删除"按钮即可。重复操作即可删除多页。删除完成后，放映时选择"自定义放映 1"，单击右下角的"放映"按钮即可。

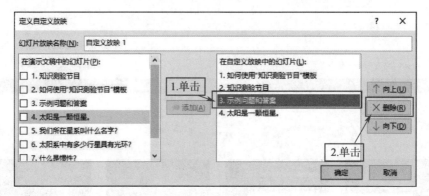

图 10-5 自定义幻灯片放映——步骤 4

2. 设置幻灯片的放映方式

若需要进行更全面的放映控制，则可以设置放映方式。单击"幻灯片放映"选项卡下"设置"组中的"设置幻灯片放映"按钮，弹出"设置放映方式"对话框（见图 10-6），通过该对话框可以进行更为详细的放映方式设置，根据需要设置完毕，单击"确定"按钮即可。

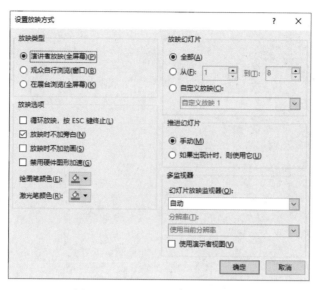

图 10-6 设置幻灯片的放映方式

3. 使用排练计时

在"幻灯片放映"选项卡下"设置"组中勾选"使用计时"复选框，单击"排练计时"按钮，即可开始试播并计时（见图10-7），其效果如图10-8所示。

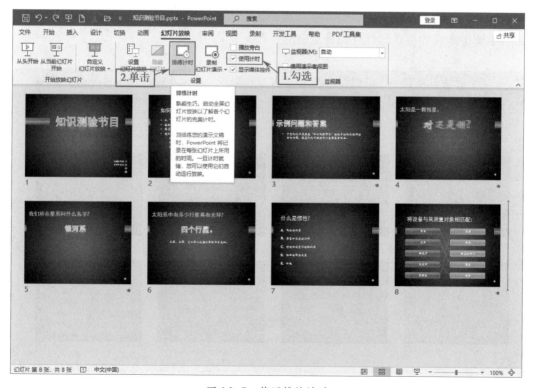

图 10-7 使用排练计时

图 10-8　使用排练计时的效果

　　排练结束后会弹出一个提示框，询问是否保留新的幻灯片排练时间，单击"是"按钮，如图 10-9 所示。之后会自动列出每页幻灯片的放映计时清单，如图 10-10 所示，让放映者能非常清楚地获知每页幻灯片的计时情况。

图 10-9　排练时间提示框

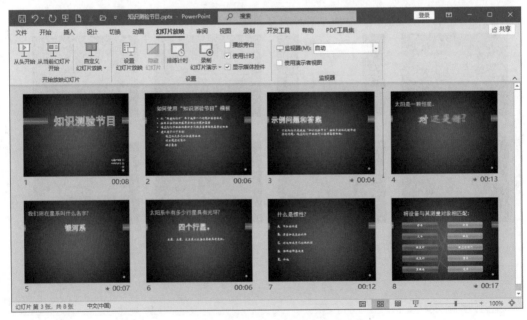

图 10-10　每页幻灯片的放映计时清单

4. 录制和编辑旁白

单击"幻灯片放映"选项卡下"设置"组中的"录制"按钮，在弹出的下拉菜单中选择"从头开始录制"，如图 10-11 所示，就从头开始进行幻灯片录制，如图 10-12 所示。

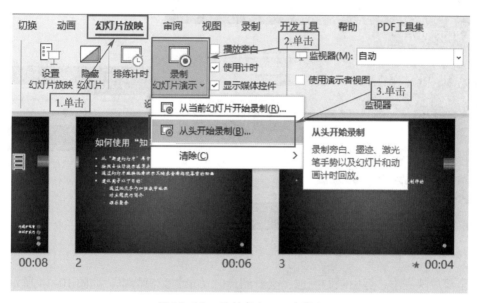

图 10-11　录制旁白——步骤 1

图 10-12　录制旁白——步骤 2

录制旁白时，系统需要 PowerPoint 2021 能正常访问麦克风。用鼠标左键单击桌面任务栏上的"麦克风"图标，在打开的"麦克风"设置窗口中确保"麦克风"为打开状态，如图 10-13 所示。最后单击"开始录制"按钮开始旁白的录制。

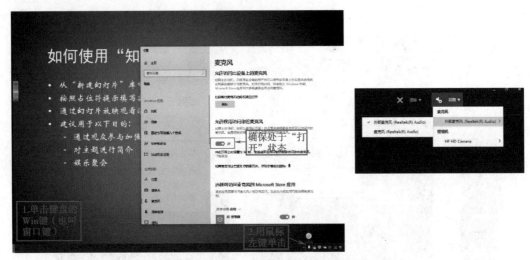

图 10-13　录制旁白——步骤 3

全部放映完毕，旁白录制完成，会看到计时及录制旁白清单，如图 10-14 所示。

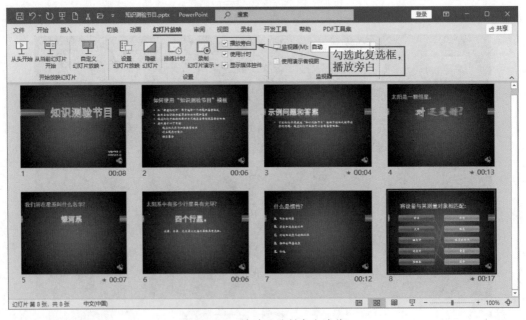

图 10-14　计时及录制旁白清单

1. 自定义放映项目五中任务所做的幻灯片，只顺序播放幻灯片的第 1 页 ~ 第 7 页和第 9 页。

2. 以项目七中任务所做的幻灯片为基础，进行排练计时和旁白录制。

项目十一
演示文稿的发布和打印

任务　发布和打印演示文稿

 学习目标

1. 能完成演示文稿的发布和打印。
2. 能完成演示文稿的页面设置。

 任务描述

如果在演示地点所用计算机上没有安装 PowerPoint，这时要播放或展示制作好的演示文稿，就要用到 PowerPoint 2021 提供的"将演示文稿打包成 CD"的功能。即使计算机上没有安装 PowerPoint，该 CD 也能在安装了 Windows 2000 以上操作系统的计算机上运行，以保证演示文稿的正常播放或展示。需要播放时，双击运行 play.bat 即可。另外，在 PowerPoint 2021 中，用户可以根据不同使用情况，将制作好的演示文稿输出为多种形式，如将幻灯片打包，保存为图形文件、幻灯片大纲、视频文件等。

本任务的主要内容是将演示文稿打包成 CD、转为视频文件，以及对演示文稿进行打印设置，完成后打印输出演示文稿。

1. 将演示文稿打包成 CD 数据包

单击"文件"→"导出"→"将演示文稿打包成 CD"→"打包成 CD"（见图 11-1），弹出"打包成 CD"对话框，如图 11-2 所示，单击对话框中的"添加"按钮，找到需要打包发布的演示文稿，双击（或单击"打开"按钮）即可完成添加操作。

然后单击"复制到文件夹"按钮，可在弹出的"复制到文件夹"对话框中更改文件夹名称及位置，最后单击"确定"按钮，如图 11-3 所示。

后续可能会弹出一个对话框，询问是否要在 CD 包中包含链接文件，单击"是"按钮即可，如图 11-4 所示。

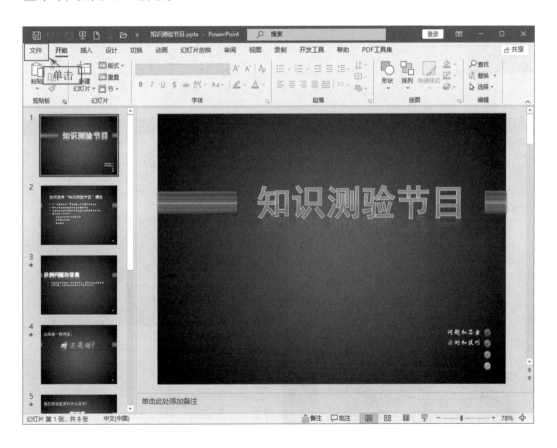

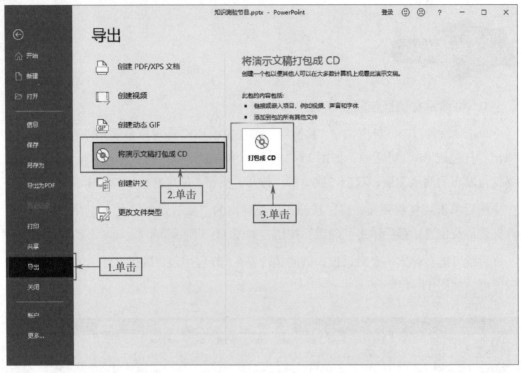

图 11-1　将演示文稿打包成 CD——步骤 1

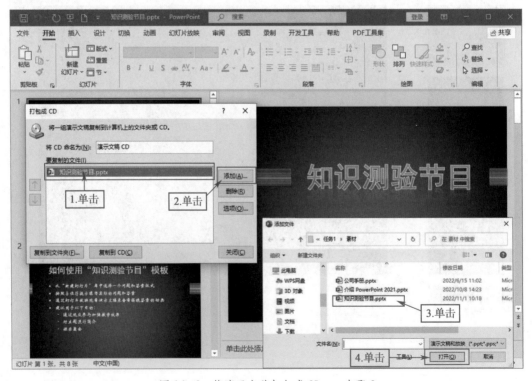

图 11-2　将演示文稿打包成 CD——步骤 2

图 11-3　将演示文稿打包成 CD——步骤 3

图 11-4　将演示文稿打包成 CD——步骤 4

接下来可以看到正在打包的提示信息，等待打包完成即可。此后就可以将打包文件夹里的文件刻成 CD 或拷贝到存储设备中，需要放映时只要携带刻好的 CD 或存储设备，在没有安装 PowerPoint 的计算机上也能播放（操作系统必须为 Windows 2000 以上版本）。

2．将演示文稿另存为视频文件

单击"文件"→"导出"，选择分辨率、是否使用录制的计时和旁白，并设置自动播放间隔时间，完成后单击"创建视频"，如图 11-5 所示，在弹出的"另存为"对话框中选择保存类型为"Windows Media 视频（*.wmv）"，还可更改文件名，如图 11-6 所示。

保存后的网页效果如图 11-7 所示。

3．演示文稿的打印设置

在确定要打印之前，建议先进行预览。单击"文件"→"打印"（见图 11-8），预览效果如图 11-9 所示。

可通过图 11-9 所示红色方框圈住的功能选项进行相关设置，如打印全部还是部分幻灯片、是否整页打印、幻灯片是否加框等，可根据需要进行设置（见图 11-10）。

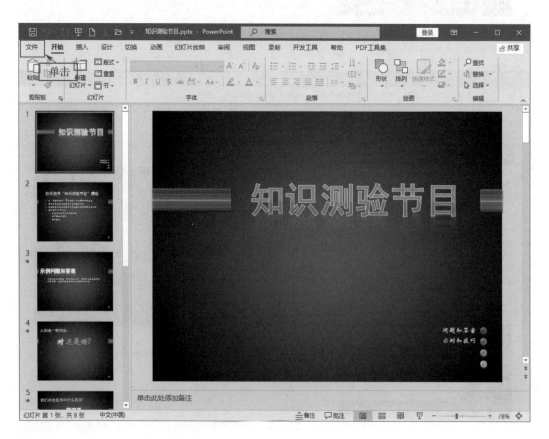

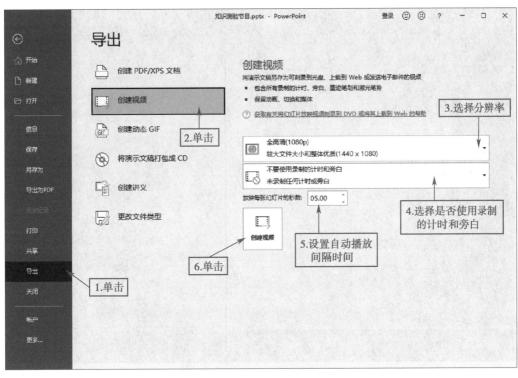

图 11-5　将演示文稿另存为视频文件——步骤 1

图 11-6　将演示文稿另存为视频文件——步骤 2

图 11-7　保存后的视频效果

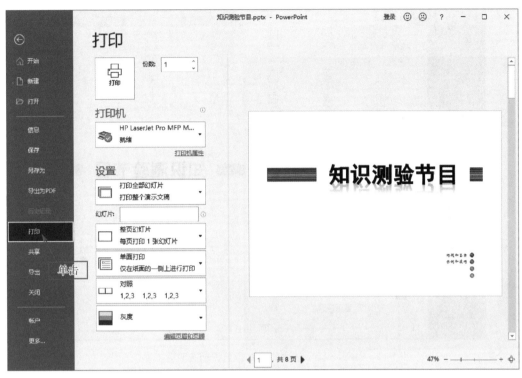

图 11-8 演示文稿打印前的预览操作

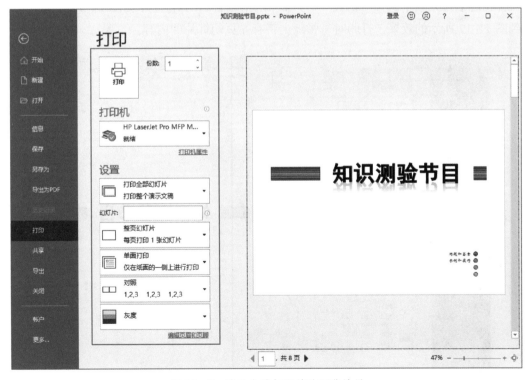

图 11-9 演示文稿打印前的预览效果

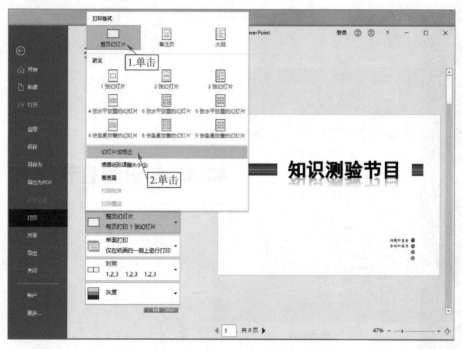

图 11-10　演示文稿打印前的相关设置

　　若需要在一张纸上打印多页幻灯片时，单击"整页幻灯片"右侧的下三角按钮，在弹出的下拉列表中选择"讲义"→"4 张水平放置的幻灯片"（见图 11-11），即可得到图 11-12 所示的效果，打印时每张纸上将有 4 页幻灯片的内容。

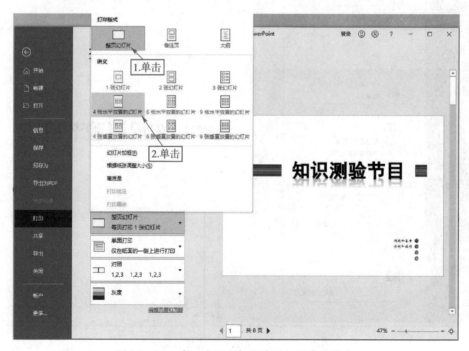

图 11-11　在一张纸上打印多页幻灯片的操作

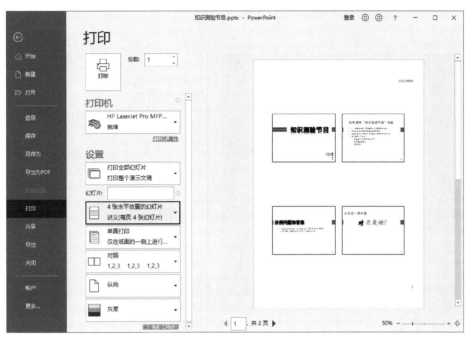

图 11-12　在一张纸上打印多页幻灯片的效果预览

1. 将项目八中任务所做的演示文稿打包成 CD 数据包，在一台没有安装 PowerPoint 软件的计算机上放映。

2. 将项目五中任务所做的演示文稿另存为网页，预览其效果。

3. 将项目四中任务所做的演示文稿打印出来，要求在一张纸上放置 6 页幻灯片。